Wolfram Weimer

DER VERGESSENE ERFINDER

Wie Philipp Reis das Telefon erfand

CH. GOETZ
VERLAG

Die Deutsche Bibliothek – CIP Einheitsaufnahme:

Der vergessene Erfinder
Wie Philipp Reis das Telefon erfand
CH. GOETZ VERLAG, München 2020
ISBN 978-3-947140-04-6

Autor: Dr. Wolfram Weimer

Gestaltung: Andrea Rexhausen
Cover: Wolf Weimer
Druck und Bindung: Druckhaus Kastner, https://kastner.de
Printed in Germany

INHALT

Philipp Reis in jungen Jahren

Wer hat's erfunden?

Kommunikation gehört zu unseren Stärken. Wir Gelnhäuser sind offenen Herzens, freie Geister und mitteilsame Menschen. Kaiser Barbarossa mochte unseren Freigeist ganz offensichtlich und erhob Gelnhausen vor genau 850 Jahren zur Reichsstadt. Gelnhausen war fortan keinem Reichsfürsten mehr unterstellt. Das prägt. Aus dieser Freiheit ist über Jahrhunderte ein Geist der konstruktiven, kommunikativen Kreativität erwachsen, der unsere Stadt und seine Menschen auszeichnet.

Darum ist es kein Zufall, dass selbst in den dunkelsten Stunden des Dreißigjährigen Krieges Deutschlands größter Barockdichter, Hans Johann Jakob Christoffel von Grimmelshausen, aus Gelnhausen heraus die Welt literarisch verzaubert und getröstet hat.

Philipp Reis ist ein ebenso typischer Gelnhäuser. Bodenständig, gewitzt, neugierig, fleißig und kommunikativ. Ihm reichte die mündliche und schriftliche Kommunikation nicht mehr. Er erfand kurzerhand die Telekommunikation. Er nannte sein elektrisches Fernsprechgerät „Telephon" und revolutionierte damit die Welt.

Wenn es heute mehr Handyanschlüsse als Menschen auf der Welt gibt, dann nahm diese Kommunikationsrevolution mit Philipp Reis ihren Anfang.

Reis entstammt einer uralten Bäckersfamilie aus Gelnhausen. Ihm war die Rolle eines der größten Erfinders der Menschheit nicht vorgezeichnet. Er wurde früh Waise, konnte nicht studieren und schaffte seine geniale Wissensleistung auf dem zweiten Bildungsweg. Er starb viel zu früh – weder reich noch berühmt. Doch sein großartiges Erbe ist geblieben.

Wir in Gelnhausen würdigen ihn seit Generationen auf vielfache Weise. Auch mit diesem Buch, das seine Lebens- und Leistungsgeschichte neu und umfassend erzählt.

Ihr
Daniel Christian Glöckner
Bürgermeister der Barbarossastadt Gelnhausen

HERKUNFT

Gelnhausen liegt mitten in Europa, mitten in Deutschland, ein zu Stein geworndenes Idyll alter Kultur. Mittelalterlich, fachwerkhausig geschmückt, romantisch schmiegt sich die Bilderbuchstadt mit ihren Gassen, Kirchen und Plätzen zwischen Spessart und Vogelsberg an Weinberghügel. Die liebliche Landschaft bereitet die Bühne ihrer geschmeidigen Ausstrahlung, dem Süden, der Sonne zugewandt, bewaldet-beschützt von oben, durchweht vom fruchtigen Wind seiner Apfelwiesen. Im rotsandsteinernen Schutz seiner Mauern und Steinbrüche gedeihen freche, selbstbewusste, warmherzige Charaktere.

Barbarossa verliebt sich – der Legende nach – hier in seine Gela, macht den Flecken zwischen Frankfurt und Fulda zur Stadt, nennt sie Gela-hausen, baut hier seine Kaiser-

Gelnhausen, die schöne Heimat von Philipp Reis

pfalz und fortan floriert Gelnhausen als mittelalterliches Zentrum an der Handelsstraße der Messemetropolen Frankfurt und Leipzig.

Die zweite wichtige Figur Gelnhausens ist der größte Dichter des Barocks, Hans Jakob Christoffel von Grimmelshausen. 500 Jahre nach Barbarossa wird er aus der Mitte der Katastrophe des Dreißigjährigen Krieges zum literarischen Chronisten. Sein „Simplicissimus" ist der wichtigste Schelmenroman Deutschlands, sein Held „Simpl" wird zum Inventar der deutschen Sprache. Gelnhäuser haben von ihm zwei Geheimnisse der sozialen Intelligenz. Das eine ist, sich selber im Zweifel klein zu machen, der Held im „Simplicissimus" nennt sich klugerweise Simpl, obwohl er keiner ist, das lässt ihn überleben im Getümmel der Macht. Der zweite Trick besteht im Einsatz von Humor und

Kaiserpfalz Gelnhausen,
die Barbarossaburg

Barbarossa
mit Söhnen

Hans Jakob Christoffel
von Grimmelshausen

Selbstironie als rhetorisches Instrument. Sich selber nicht so ernst und wichtig nehmen, dieser Simplicissimus-Zug begleitet seither Gelnhäuser aller Generationen.

Auch Philipp Reis ist davon geprägt. Weitere 300 Jahre später wird er in Gelnhausen geboren. So wie Barbarossa und Grimmelshausen jeweils typische Protagonisten ihrer Zeit gewesen sind, so verkörpert auch Reis die Neuzeit wie nur wenige Menschen. Barbarossa ist der Inbegriff der mittelalterlichen Welt, Grimmelshausen verkörpert die schmerzhaften Umbrüche der Frühneuzeit, Reis ist ein klassischer Vertreter der bürgerlichen Moderne, ein Selfmade-Mann. Bildung und Neugier sind seine Triebfedern, Erfindergeist und technische Kompetenz werden seine Leitmotive. Er fragt nicht nach Titeln, Herkünften, Pfründen, er fragt nach Chancen und Möglichkeiten, greift nach dem Neuen. Reis ist kein Imperator wie Barbarossa, wohl aber ein Innovator, er ist kein Jahrhundertintellektueller wie Grimmelshausen, aber er wird ein Jahrtausenderfinder. Aber auch ein augenzwinkernder, heiterer Gelnhäuser Simpl – den ersten Satz der Weltgeschichte, der je durch ein Telefon gesprochen wurde, ist komödiantisch, als hätte Grimmelshausen ihn getextet: „Ein Pferd frisst keinen Gurkensalat."

Doch Reis wird zugleich ein bürgerlicher Revolutionär. Seine Lebensspanne umfasst eine völlige Umwälzung des Weltgeschehens, bezeichnet durch Explosionen des Wissens und Handelns, der Bevölkerung und der Technik, des Welthandels und der Industrialisierung. Die politischen Revolutionen, insbesondere die von 1848, scheinen zu scheitern, doch die gesellschaftlichen Umwälzungen fräsen sich mit gewaltiger Macht durch die Epoche. Als sein Leben vollendet ist, hat sich ein völlig neues Europa etabliert. In seiner Lebensspanne haben sich die modernen Nationalstaaten entfaltet, die Industrialisie-

In der Marienkirche wird Philipp Reis am 14. Januar 1834 getauft

rung erlebt ihren Durchbruch ebenso wie der Kapitalismus. Europas Dominanz erreicht ihren historischen Höhepunkt. Nahezu alle Teile der Welt werden von europäischen Lebensweisen durchdrungen. Das Ganze wird getrieben und teilweise ermöglicht durch eine soziale Revolution. Der Adel verschwindet zusehends von den Schaltstellen der Gesellschaft – und die neuen Kapitäne übernehmen die Brücke. Nicht mehr die bloße Herkunft, sondern Kreativität, Fortschritt und Leistung zählen. So kommen bürgerliche Unternehmer und Unternehmende zu Reichtum und Ansehen – und Erfinder, nicht Barrikadenstürmer, werden zu den eigentlichen Revolutionären ihrer Zeit. Wer die Massenkommunikation durch die Erfindung des Telefons ermöglicht, der demokratisiert, verbreitet, der beseitigt das Oligopol der Kommunikation als Herrschaftsinstrument, der ist ein Revolutionär ganz eigener Art. Reis verfolgt keine politischen Absichten, aber seine erfolgreiche Erfindung wirkt politisch weit über sein Jahrhundert hinaus. Er ist ein bürgerlicher Revolutionär, ein Bessermacher, kein Besserwisser. Ein Gestalter und kein Ideologe, ein Menschenfreund, kein Klassenfeind. Er hegt keine Feindbilder, er ist ein durch und durch konstruktiver Mensch.

Wenn das 19. Jahrhundert als das „bürgerliche" bezeichnet wird, so sollte es besser heißen: Das 19. Jahrhundert reift nach und nach zu dem bürgerlichen Zeitalter heran. Und es ist eine überschaubare Anzahl bedeutender Persönlichkeiten, die diese Bürgerlichkeit erschaffen und prägen. Philipp Reis, der Sohn des Bäckermeisters, Autodidakt und Lehrer einer Bürgerschule, gehört dazu. Er zählt zu jenen Revolutionären in Laboren und auf Forschungsschiffen, in Werkstätten und Fabriken, die die Welt ganz konkret besser machen wollen. Und das gelingt ihnen auf spektakuläre Art und Weise. In der Generation vor Reis gab es weder Eisenbahnen noch Dynamit, weder Dampfschiffe

Geburtshaus von
Philipp Reis in der Langgasse

Die Vorfahren von Philipp Reis waren Bäcker

noch Gaslaternen, weder elektrisches Licht noch die Fotografie, kein Fahrrad, kein Telefon, keine Narkose – nicht einmal Revolver. Für die Generation danach ist all dies erfunden, und überdies entdeckt die Menschheit ihre eigene Evolution und die aller Lebewesen. Forscher legen die Skelette von Dinosauriern frei, durchqueren einerseits die unermessliche Weite der Polarregionen und verstehen andererseits die unermesslich kleinen Zellen, die die Funktion des Nervensystems steuern. Männer wie Reis sind getrieben von konstruktiver Neugier, sie sind verliebt ins Gelingen, und sie schenken der Welt großartige Fortschritte.

Sein Vater ist einfacher Bäcker. Seine ganze Ahnenschaft sind Bäcker, urkundlich vier seiner Vorfahren direkter Linie besitzen Bürgerrechte als Bäckermeister und dienen der Stadt als Bürgermeister. Alteingesessene Gelnhäuser mit hessischem Dialekt, Wohnung und Backstube im gleichen, schmalen Haus in der Langgasse.

Bäckersohn wie GH

13

Den Bäckermeister Karl Sigismund Reis (1807–1843) und seine Frau Marie Katharine geb. Glöckner (1813–1835) kennen alle in Gelnhausen. Denn die Bäckerei liegt an der Hauptstraße hinauf in die Altstadt. Wer zum Ober- oder zum Untermarkt, zur Peters- oder Marienkirche will, der muss hier vorbei. Schräg gegenüber ist einer der wichtigsten Gasthöfe der Stadt: Zum Löwen, die katholische Peterskirche thront 100 Meter oberhalb. Doch die Familie Reis ist nicht katholisch, sondern evangelisch-lutherisch. Genauso

Zu Lebzeiten von Philipp Reis hatte Gelnhausen einen schiefen Turm an der Marienkirche. 1877 wird dieser abgetragen

wird der kleine Johann Philipp auch getauft. In der spektakulären Marienkirche, die mit Domen und Kathedralen mithalten kann. Im 13. Jahrhundert erbaut, spätromanisch, gotisch erfüllt, ein feinst gestaltetes Glaubensgefäß für Jahrhunderte.

Philipp Reis wird – wie Gottlieb Daimler, der andere große Erfinder aus Deutschland – im Jahr 1834 geboren. Es ist das Jahr, in dem 18 deutsche Fürstentümer den deutschen Zollverein gründen. Die Gesellschaft bricht auf ins industrielle Zeitalter, das Land kann die rasch wachsende Bevölkerung kaum ernähren, soziale Spannungen prägen ganz Europa. In Frankreich rebellieren die Seidenweber 1834 und fordern republikanische Verhältnisse. Eine kleine Revolution bricht aus, doch Einheiten der französischen Armee schlagen den Aufstand brutal und blutig nieder. Während der Revolte kommen mehr als 600 Menschen ums Leben. In Deutschland ist es Georg Büchner, ebenfalls im südlichen Hessen, der ein Pamphlet über die sozialen Missstände verfasst. Die Streitschrift mit dem Namen „Der hessische Landbote" wird als Flugschrift rasch verbreitet, mit ihr die Parole: „Friede den Hütten! Krieg den Palästen!" Büchners Aufruf an die Landbevölkerung zum Aufstand gegen die Unterdrückung bereitet den Boden für die revolutionären Bewegungen in ganz Deutschland. Großbritannien verbietet im ganzen Empire die Sklaverei, der italienische Freiheitskämpfer Giuseppe Mazzini gründet in Bern die Bewegung „das junge Europa", eine Plattform der nationalen und demokratischen Gruppierungen.

Die 30er- und 40er-Jahre des 19. Jahrhunderts sind für die meisten Menschen Europas prekär, viele leben am Rande des Existenzminimums und Europa erlebt sogar die letzten Hungersnöte seiner Geschichte. Die Lebenserwartung für Männer liegt bei nur 36 Jahren, für Frauen bei gerade einmal 38 Jahren. Philipp Reis ist davon unmittelbar betroffen. Nur ein Jahr nach seiner Geburt stirbt die Mutter, noch im Kindesalter verliert er auch den Vater.

Lebens-erwartung !

AUFBRUCH

O hne Mutter und mit kränkelndem Vater zieht Philipp Reis 1840 in die Brentano-straße und schon bald ist er Vollwaise. Mit neun Jahren stirbt ihm am 8. August 1843 auch der Vater. Durch den frühen Tod der Eltern wird sein Patenonkel und Namensgeber Philipp Bremer (1808–1863), der mit der jüngeren Schwester seiner Mutter (Luise Wilhelmine Glöckner) verheiratet ist, zum Vormund. Der aufgeweckte Junge kommt zu seiner geliebten Großmutter Susanne Maria Reis, geb. Fischer (1769–1847). Die Großmutter muss schauen, wie alle wirtschaftlich zurechtkommen und verkauft am 10. Mai 1844, neun Monate nach dem Tod des Vaters, sein Geburtshaus in der Langgasse.

Der kleine Philipp besucht die Gelnhäuser Bürgerschule. Den Lehrern fällt die vielseitige Intelligenz des Jungen auf, er lernt Fremdsprachen leichter als andere und bei den Naturwissenschaften ist er ganz weit vorne. 1845 verlässt er seine Geburtsstadt und geht ins hessische Friedrichsdorf. Dort wird er Schüler am Institut Louis Frédéric Garnier, dem Vorgänger der heutigen Philipp-Reis-Schule. In den Immatrikulationslisten wird Philipp als Neuzögling Nr. 51 geführt. Er ist sowohl bei Schülern als auch bei Lehrern sehr beliebt. „Eine neue Sphäre bot sich hier meinem Eifer und Wissensdrang dar. Die beiden Sprachen ‚Französisch und Englisch' fesselten mich besonders. Die für die Verhältnisse reichhaltige und wohlgewählte Institutionsbibliothek gab meinem Geiste vortreffliche Nahrung. Ich lernte leicht und gerne." Mit 14 Jahren endet allerdings seine Schulzeit im Institut Garnier.

Der nächste Schicksalsschlag trifft den Waisenjungen bald – am 18. Mai 1847 stirbt auch seine fürsorgliche und tatkräftige Großmutter. In seinen Notizen über sein Leben setzt er ihr ein emotionales Denkmal, sie habe ein großes Gemüt und religiöses Herz gehabt, sie sei belesen gewesen und mit der „Gabe, zu erzählen, sehr befähigt". Der kleine Philipp verliert die dritte, engste Bezugsperson seines noch jungen Lebens.

Danach besucht er das hasselsche Institut in Frankfurt am Main. Dort lernt er Sprachen, neben Englisch und Französisch nun auch noch Italienisch. Als Jugendlicher erlebt er die Revolutionswirren von 1848 hautnah. Am 3. März 1848 kommt es zu einer Volksversammlung an der Reitbahn, an der 2.000 Menschen teilnehmen. Es werden

Statue von Philipp Reis am Untermarkt in Gelnhausen

Frankfurter Nationalversammlung in der Paulskirche

„Märzforderungen" beschlossen. Eine Petition soll am 4. März dem Senat übergeben werden. Doch schon die Übergabe ist von Krawallen begleitet. Am Folgetag erteilt der Senat den Forderungen seine Zustimmung . Am 4. März wird die vollständige Pressefreiheit, am 27. März 1848 die Vereinigungsfreiheit in Frankfurt eingeführt. Senat und gesetzgebende Versammlung beschließen eine Reihe von Reformen, darunter die Zehntablösung und die Milderung von Militärstrafen.

Reis ist kein sonderlich politischer Mensch, die Naturwissenschaft formt seine Welt, und doch gerät er mitten hinein in einen historischen Strudel politischer Ereignisse. Direkt vor seiner Haustür wird Frankfurt zum politischen Zentrum eines revolutionär brodelnden, sich neu formierenden Deutschlands. Die Frankfurter Nationalversammlung wird von Mai 1848 bis Mai 1849 das verfassungsgebende Gremium der Deutschen Revolution sowie das vorläufige Parlament des entstehenden Deutschen Reiches. Die Nationalversammlung tagt in der Paulskirche, die Philipp Reis täglich sehen kann. Als Parlament beschließt die Nationalversammlung in dieser Paulskirche auch die Reichsgesetze. Am 28. Juni 1848 richtet die Nationalversammlung mit dem Zentralgewaltgesetz sogar eine vorläufige deutsche Regierung ein.

Die Nationalversammlung verabschiedet am 28. März 1849 die Frankfurter Reichsverfassung, die erste demokratische Verfassung Deutschlands überhaupt. Die Verfassung wird von den meisten deutschen Einzelstaaten sowie beiden Kammern des preußischen Landtages angenommen, nicht aber vom preußischen König und den großen Einzelstaaten wie Bayern und Hannover. Österreich hat sich mit einer neuen Verfassung für einen österreichischen Einheitsstaat vom neuen deutschen Reich de facto verabschiedet.

Der Widerstand der Fürsten formiert sich, Preußen und Österreich, dann auch andere Staaten, befehlen im Mai den Abgeordneten aus ihren Ländern, ihr Mandat niederzulegen, und treten der Revolution zusehends mit offener Gewalt entgegen. Ende Mai 1849 fliehen die verbliebenen Abgeordneten aus Frankfurt nach Stuttgart und bilden dort ein Rumpfparlament, das aber bedeutungslos bleibt und schon am 18. Juni durch württembergisches Militär aufgelöst wird. Überall in Deutschland kommt es nun zum gewaltsamen Machtkampf zwischen Revolutionären und Reaktionären.

Auch in Frankfurt bricht am 18. September der Septemberaufstand los. Aufständische reißen an 40 Stellen der Stadt das Straßenpflaster auf und errichten Barrikaden. Zwei preußische Abgeordnete werden auf offener Straße ermordet. Die Reichsregierung verhängt daraufhin den Belagerungszustand über die Stadt und ruft fremde Truppen herbei, die die Ordnung gewaltsam wiederherstellen. Bei den Barrikadenkämpfen des 18. September fallen 30 Aufständische und zwölf Soldaten. Nach den Septemberunruhen bleibt in der Stadt eine Besatzungstruppe der großen Territorialstaaten Preußen, Österreich und Bayern. Die traditionsreiche Bürgerwehr wird aufgelöst, ihre Waffen müssen sie abliefern.

Inmitten dieser Turbulenzen versucht sich Philipp Reis ohne den Schutz einer Familie durchzuschlagen. Er konzentriert sich ganz auf die Schule und meidet gefährliche Plätze wie Aufläufe. Er wohnt in der Alten Schlesingergasse, mitten im heutigen Bankenviertel.

Erstürmung der Barrikade an der Konstablerwache in Frankfurt am Main am 18. September 1848 durch preußisches Militär

Blick auf Frankfurt am Main um 1850

Beyerbach schenkt Philipp Reis ein
von ihm in der Lehrzeit angefertigtes
Stammbuchblatt mit Blumenpräparat

Onkel verhindert Studium

Seine Leidenschaft bleibt die Naturwissenschaft. Hier brennt seine Neugier so sehr, dass seine Lehrer ihm das Polytechnikum (die spätere technische Hochschule) in Karlsruhe empfehlen. Doch wie soll er den Lebensunterhalt finanzieren? Sein Vormund drängt daher auf eine Lehre. Philipp Reis ärgert sich darüber, hat seine Großmutter ihm doch ein Erbe mit mehreren Grundstücken vermacht. Doch der Vormund darf bestimmen. Von ihm sieht sich Reis um eine akademische Zukunft betrogen, schreibt Briefe nach Gelnhausen und fügt sich am Ende doch. Doch noch viele Jahre bleibt eine Bitterkeit über den Onkel, der ihm hier nicht mehr weiterhelfen will, ja ihm eine erträumte Zukunft als akademischer Forscher verbaut.

mit 18 schon Plan, Tel. zu erfinden

So beginnt er am 1. März 1850 eine kaufmännische Lehre bei dem Frankfurter Farbwarenhandel Johann Friedrich Beyerbach und besucht eine Handelsschule. Neben seiner beruflichen Ausbildung betreibt er naturwissenschaftliche Privatstudien. Professor Boettger wird sein akademischer Lehrmeister und führt den Hochbegabten beim ehrwürdigen Physikalischen Verein in Frankfurt am Main ein. Dort wird er schon 1851 im Alter von nur 17 Jahren Mitglied. Bereits 1852 fasst Reis den Gedanken, an der Sprachübermittlung durch elektrischen Strom zu forschen. Er träumt davon, „die Tonsprache selbst direkt in die Ferne mitzuteilen".

Bei seinem Arbeitgeber erfüllt Reis fleißig seine Pflicht und bringt es rasch vom Lehrling zum Lagerverwalter, nebenbei lernt er drechseln und in seiner Freizeit widmet er sich dem neumodischen Turnen und einem Sängerkranz. Sein Chef Beyerbach schätzt Reis offensichtlich sehr und bietet ihm einen Posten als festangestellter Magazinleiter mit 600 Gulden Gehalt an. Doch Reis lehnt dankend ab – er sucht lieber einen Weg, seinen wissenschaftlichen Erfindertraum zu leben. Beyerbach wird ihm ein väterlicher Freund und unterstützt ihn bei diesem Unterfangen. Er schenkt ihm in Erinnerung an die gedeihliche Zusammenarbeit ein von Reis in der Lehrzeit angefertigtes Stammbuchblatt mit Blumenpräparat vom 12. Mai 1852. Es liegt noch heute im Stadtarchiv von Gelnhausen.

So tritt Philipp Reis in das Institut von Dr. Poppe ein, eine Art Polytechnische Akademie. Rückblickend schreibt Poppe: „Nach Beendigung seiner Lehrzeit meldete sich Philipp Reis Anfang 1854 persönlich bei mir zum Eintritt in die polytechnische Vorschule. Noch jetzt steht die Erscheinung des zwanzigjährigen jungen Mannes lebendig vor meiner Seele: die untersetzte stämmige Gestalt, der massive Kopf mit der eckigen intelligenten Stirn und den unregelmäßigen, aber ausdrucksvollen Gesichtszügen, aus denen ein Paar freundliche kluge Augen blicken. In der Schülerliste (…) findet sich Philipp Reis, seiner eigenen Angabe gemäß, als künftiger Techniker eingeschrieben." Reis sei ein Mann, der einen „entschieden ausgeprägten Sinn für das Praktische" habe.

Im Poppe-Institut empfinden die Schüler es als Mangel, nicht genug über Geschichte, Naturgeschichte, Geografie zu lernen, und halten sich gegenseitig Vorlesungen. Dies bereitet Reis solche Freude, dass seine Sympathie für den Lehrerberuf geweckt wird. In den Sommerferien 1854 begleitet Reis seinen Lehrer Dr. Poppe auf eine Reise in die Schweiz. Dabei erzählt der junge Tüftler von einer besonderen Idee – angesichts einer langen Reihe von Telegrafenmasten entlang einer Straße: Während seiner Lehrzeit sei ihm der Gedanke gekommen, musikalische Töne auf telegrafischen Wege in die Ferne zu senden. Doch leider seien die Versuche fehlgeschlagen, und so habe er das Projekt vorerst aufgegeben. Vorerst.

Denn erst einmal steht sein Militärjahr an (1855), das er in Kassel abdienen muss. In Hanau werden die Wehrpflichtigen der Main-Kinzig-Region zusammengestellt und müssen dann einen gewaltigen Fußmarsch von 160 Kilometern quer durch ganz Hessen in die Kaserne zu den Jägern nach Kassel antreten. In dieser Truppe von Rekruten ist Reis der einzige Schreibkundige und steht dadurch bei den Vorgesetzten sofort in hohem Ansehen, was ihm unterwegs die etwas besseren Quartierbetten und beheizte Stuben beschert. An seinen Freundeskreis in Gelnhausen („Wohlehrenhafte Gelnhäuser Kaffeehausgesellschaft!") schreibt er einen Brief und berichtet detailliert von seinem

Hessen-Kassel.

Schütze
in der Feldzugsuniform von 1866.

Schütze
zur Parade.

Jäger
feldmarschmässig.

Jäger-Offizier
zur Parade.

Schützen-Bataillon.
1866.

Jäger-Bataillon.

Beim Jägerbataillon in Kassel leistet Philipp Reis seinen Militärdienst

Erlebnis in der 4. Kompanie des Jäger-bataillons. Seine Quintessenz: „Ich finde, dass wenn man sich einigermaßen gemütlich anstellt und ein freundliches Gesicht macht, so findet man auch wieder freundliche Gesichter." Seine handwerkliche Begabung nutzt er auch beim Militär und schnitzt einen Holzhirschen als Zielfigur, der vor dem Kugelfang am Schießübungsplatz hin- und hergezogen wird und worauf die Jäger zu schießen haben.

Glücklich wird er beim Militär allerdings nicht. Reis ist kein Mann für Befehl und Gehorsam, für Waffen und schnarchende Männer. Viel zu heiter und anarchistisch ist sein Wesen. Eines Tages fährt er mit einer Droschke am Kasseler Schloss vorbei und wird dabei vom Kurfürsten gesehen. Der lässt nachforschen, wer das gewesen sei, denn das Droschken-fahren gilt für Soldaten als verbotener Luxus. Reis sieht zu, wie er den Dienst möglichst rasch quittieren kann. Und so nutzt er eine damals übliche Regelung. Er bezahlt einen Ersatzmann, der an seiner statt den Dienst zu Ende führt.

Nach seiner Militärdienstzeit 1855 bei den hessischen Jägern unternimmt Reis verschiedene Studienreisen. Danach wendet er sich in Frankfurt erneut naturwissenschaftlichen Studien zu und will in Heidelberg eine Lehrerausbildung beginnen. 1858 erhält er bei einem Aufenthalt in Friedrichsdorf von Direktor Garnier unverhofft eine Anstellung als Lehrer für Französisch, Physik, Mathematik und Chemie an dessen Knabeninstitut.

Er lässt sich in der Taunusortschaft nieder und will eine Familie gründen. Seine Auserwählte ist ausgerechnet die Tochter seines strengen Vormundes, der ihm die akademische Karriere verwehrt hat. Margarethe Schmidt (1836–1895) heißt sie, aus seiner Heimatstadt Gelnhausen kommt sie und ist die Tochter des Schneidermeisters Christian

Philipp Reis versucht sich selber Klavierspielen beizubringen

Schmidt und der Susanne Bell. Er nennt sie liebevoll „mein Gretchen". Zuvor prüft er aber, ob sie auch in den Größenverhältnissen zu ihm passe. Denn wäre sie auch „nur um eine Strohhalmsdicke" größer gewesen, so hätte er nicht um ihre Hand angehalten, scherzt er später. Reis ist ein klein gewachsener Mann. Schon als Kind war er auffallend kleinwüchsig, so dass seine Lehrer ihn schon mal auf dem Arm durch die Schule getragen haben.

Zeitgenossen und Kinder beschreiben die Naturelle des Ehepaars Reis als durchaus verschieden, „doch glichen sie sich stets gegenseitig aus". Während Reis temperamentvoll zwischen Ernst und Humor, zwischen leise und laut wechselt, ist seine Frau ausgeglichen sonnig in ihrem Wesen. Wo er sich schon mal deftig ärgern kann, gewinnt sie allen Lebenslagen eine gute Seite ab und heitert den angestrengten Erfinder auch in Momenten der Frustration immer auf. Beide lieben die Musik, spielen aber kein Instrument; Reis kommt mit autodidaktischen Klavierspielstunden nicht sehr weit, obwohl er sich für 325 Gulden ein Klavier kauft. Umso mehr lädt er Freunde mit Musikinstrumenten ein und erfreut sich an der Kunst der anderen. Er ist ein geselliger Mensch und erzählt gerne Anekdoten. Guten Freunden widmet er schon mal ein Gedicht, so dem Oberförster Buchhold aus Gelnhausen, dem er folgende Reime schickt (der handschriftliche Brief ist noch heute im Stadtarchiv von Gelnhausen):

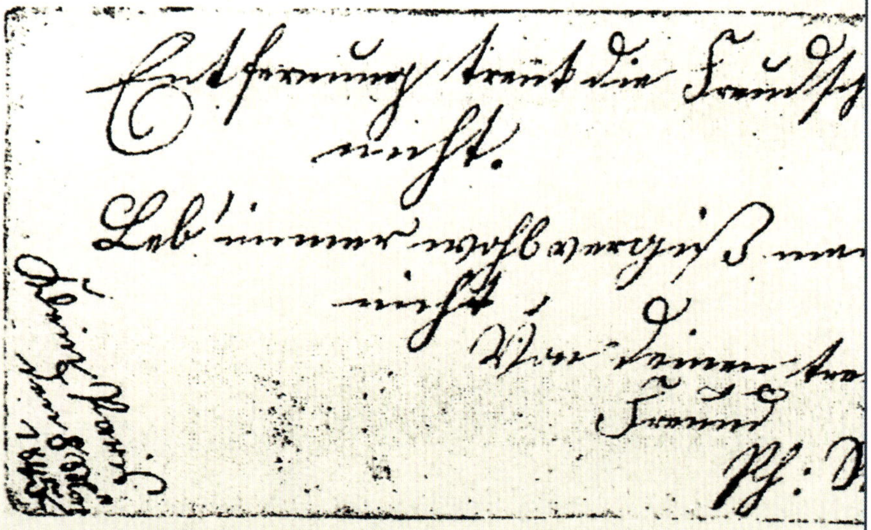

Entfernung trennt die Freundschaft nicht.

Entfernung trennt die Freundschaft nicht.

Nimm zum heutigen Angebinde
und zum doppelten Neujahr
diesen Mann aus Baumesrinde
mit dem graubemoosten Haar.
Mög er das Feuer Dir bewahren
in seinem rauen Jagdgewand
bis du selbst grau bemoost mußt fahren
zu Forst und Jagd ins bessere Land.
Gedenk bei jedem Zündholzstrich
in froher Runde auch an mich

Dein Schatz Johann Philipp Reis

Gedicht von Philipp Reis an einen Freund

Reis bleibt zeitlebens ein bodenständiger Mensch, spricht hessisch, verhält sich bescheiden und gibt nicht viel auf Etikette. Den Frack bezeichnet er als „Möbel", den Zylinder als „Angstrohr". Am wohlsten fühlt er sich in seinem abgetragenen Hausrock und der damals üblichen schwarzseidenen Kappe. Sein Kopf ist freilich außergewöhnlich groß (und das bei seiner kleinen Gestalt), so dass seine Hüte extra nach Maß angefertigt werden müssen.

Seine Bescheidenheit ändert sich auch nicht, als er nach der Hochzeit zu gewissem Wohlstand kommt. Denn „Gretchen" beschert Reis eine Mischung aus Mitgift und freigegebenem Erbe. Der geizige Onkel, der ihm den Bildungsweg aus finanziellen Gründen versperrt hatte, wird nun sein Sponsor. Reis hat zudem endlich das Erbe seiner Groß-

Erbe von GM

mutter angetreten, vor allem Immobilien in und um Gelnhausen (Ackerland, Weinberg, Wiesen und Ausgärten). Aus den Verpachtungen erhält er regelmäßige Zahlungen. Die junge Familie kann sich fortan sogar ein Dienstmädchen leisten.

Reis sieht sich im August 1858 veranlasst, ein Testament zu verfassen. Darin setzt er „im kinderlosen Sterbefall" seine Ehefrau als „alleinigen Erben meines Vermögens" ein. Sollte es Kinder geben, so soll seine Frau „Immobilien und Hausgerätschaften sowie zweitausend Gulden in bar" erhalten, das Restvermögen den Kindern zu gleichen Teilen zufallen. Wichtig ist ihm im Testament, „die heilige Pflicht" zur Bildung der Kinder festzuschreiben. Doch Reis denkt in dem Testament auch an „die Armen von Gelnhausen", die ebenso etwas erhalten sollten wie die Hohe Landesschule in Hanau.

Testament

So kauft Reis 1858 für das junge Eheglück in Friedrichsdorf das Haus in der heutigen Hugenottenstraße 93.

Im einstigen Wohnhaus von Philipp Reis in der Hugenottenstraße 93 ist heute das Philipp Reis- und Hugenottenmuseum untergebracht

In seinem Testament bedenkt Philipp Reis auch die Armen von Gelnhausen

Eine Friedrichsdorfer Stadtchronik meldet für dieses Jahr 1858 einen ungewöhnlich heißen und trockenen Sommer. Die Bauern der Umgebung müssen Vieh verkaufen und notschlachten, das Futter wird knapp. Im Herbst zeigt sich über dem Himmel Hessens ein leuchtender Komet mit hellem Schweif, so dass die Bevölkerung dies als himmlisches Zeichen für die extreme Trockenheit wertet.

Friedrichsdorf ist zu dieser Zeit eine 700-Seelen-Gemeinde, mehr Dorf als Kleinstadt. Der Ort gehört zur Landgrafschaft Hessen-Homburg, allerdings nicht mehr lange. Denn der letzte Landesherr Ferdinand Heinrich Friedrich stirbt 1866 unverheiratet und kinderlos,

Komet 1858

hernach wird Friedrichsdorf preußisch. Der Ort verfügt immerhin über eine Apotheke, eine Poststation und einen Arzt. Rund 175 Familien wohnen in Friedrichsdorf, darunter erstaunliche 32 Fabrikanten. Französische Fabrikanten. Vor allem der Textilindustrie. Denn Friedrichsdorf ist eine Hugenottensiedlung. Die Umgangssprache ist Französisch. Gottesdienste, Schulunterricht, Ortspolitik, Straßentratsch – alles auf Französisch.

Die Hugenottenstraße, in die Reis mit seiner Frau einzieht, ist die Hauptstraße des Ortes. Hier haben sich erfolgreiche Fabrikanten niedergelassen, so auch Louis Frédéric Garnier, der nebenbei die Amtsgeschäfte des Ortes führt und das Haus neben Philipp Reis bewohnt – schräg gegenüber ist das Rathaus. Für das zweistöckige, Ende des 18. Jahrhunderts erbaute Wohnhaus mit Färbhaus, Scheune, Hofplatz und Garten zahlt Reis die stattliche Summe von 5.500 Gulden. Der Seitenflügel wird in der Zeit kurz nach 1858 angebaut.

Friedrichsdorf

Das Ehepaar Reis mit den Kindern Carl und Elise

Das Haus gehörte ursprünglich dem Flanellfabrikanten Daniel Foucar, später dann (1836) der Witwe des Fabrikanten Jean Charles Garnier, die in zweiter Ehe mit dem Fabrikanten und Bürgermeister Pierre Achard verheiratet ist. Sie ist wiederum die Schwiegermutter des Institutsleiters Louis Frédéric Garnier. Reis ist also im Netzwerk der Garniers bestens verwoben. So wird er auch Mitglied der „Caisse fraternelle", einem privaten Unterstützungsverein für Notleidende in Friedrichsdorf.

In ihrem neuen Hause bringt Margarethe vier Kinder zur Welt, von denen aber nur zwei das Säuglingsalter überleben: Elise und Charles (Carl). Am 14. Februar 1861 wird Elise († 1920) geboren und zwei Jahre später Carl (1863–1917). Ihnen wird Reis ein liebevoller Vater, er bastelt für sie eigenes Spielzeug, liest ihnen aus Büchern vor und liebt es, ihnen auf Ausflügen die Natur zu erklären. Für seine Tochter Elise druckt er auf einer Handdruckpresse die Geschichte vom Rotkäppchen. Seinem achtjährigen Sohn schreibt er folgendes Gedicht:

Lerne nur dir selbst vertrauen,
nicht auf fremde Hilfe bauen.
Faß in´s Auge fest dein Ziel,
höre, sieh, doch sprich nicht viel.
Lern dich an´nen Puff nicht kehren,
dich nach allen Seiten wehren:
Unglück trag mit heitrem Sinn,
Glück nimm ohne Dünkel hin.
Dann wird dir´s gewiß gelingen
einst zum guten Ziel zu bringen
deine Lehr- und Wanderjahre
von der Wiege bis zur Bahre.

Friedrichsdorf, 1. September 1871
Dein Papa

Väterliches Gedicht an seinen achtjährigen Sohn

Institut Garnier: Bei dieser Lehr- und Erziehungsanstalt in Friedrichsdorf war Philipp Reis erst Schüler

Hof des Instituts Garnier früher und heute

internationale Schüler

Den Lebensunterhalt verdient Philipp Reis als Lehrer an der Friedrichsdorfer Lehr- und Erziehungsanstalt Garnier. Es handelt sich um eine ungewöhnlich moderne Privatschule, 20 Kilometer nördlich von Frankfurt. Schüler aus der ganzen Welt kommen in das Knabeninternat, darunter manche aus England, aber auch aus Russland, sogar aus China und Australien.

Louis Frédéric Garnier (1809–1882) hat die Schule gegründet. Sein Vater war der Wollfabrikant Jean Jérémie Garnier. Als Louis wegen Asthma den väterlichen Beruf nicht ergreifen kann, rät ihm ein Onkel, Kinder aufzunehmen und in französischer Sprache zu unterrichten. So besucht er das Lehrerseminar in Friedberg und studiert in Darmstadt und Paris. Nach seiner Heirat gründet er 1836 die Lehr- und Erziehungsanstalt. Er startet mit rund einhundert Schülern und nutzt die internationalen Kontakte der französischen Verwandtschaft. Garnier unterrichtet, den Bedürfnissen von Kaufmannsfamilien folgend, Englisch, Französisch, Mathematik und Buchführung.

Das Schulgeld von 500 Gulden pro Semester entspricht dem Jahresgehalt eines Volksschullehrers. Zu seinen Schülern zählen neben Philipp Reis auch Matheus Müller (MM-Sekt). 1861 übergibt Garnier die Leitung an seinen Schwiegersohn Karl Wilhelm Schenk. Dieser wird direkter Vorgesetzter von Reis. Nach dem Ersten Weltkrieg wird aus dem Garnier-Institut die Philipp-Reis-Schule.

Reis wird von Zeitzeugen als besonders kinderlieber Mensch beschrieben. Ein ehemaliges Nachbarskind, die Pfarrerstochter Johanna Auguste Bagge, berichtet noch im hohen Alter: „Herr Reis steht in seiner Freundlichkeit und Liebenswürdigkeit zum Malen deutlich vor meinen Augen, wie lieb und gut er gegen seine Kinder war (…), wie er auch mir immer mit der gleichen Herzlichkeit entgegenkam, das ist unauslöschlich in mein Gedächtnis gegraben." Bagge bezeugt auch eine Erfindung im Haushalt Reis – den automatischen Türöffner: „Herr Reis ging auch, wo er nur konnte, seiner Frau im Haushalte zur Hand und vereinfachte ihr die Arbeit durch allerlei sinnreiche Einrichtungen, die er mit seinen geschickten Fingern selbst anfertigte. So erinnere ich mich genau, wie er ihr eine Vorrichtung machte, durch die sie von ihrem Platz am Fenster das daruntergelegene Haustor vermittels eines Trittes auf eine Klappe öffnen konnte, wenn jemand schellte, das erschien mir damals höchst wunderbar."

Am Garnier-Institut verfolgt Reis seinen Lehrerberuf mit Erfindungsreichtum. Im Institut wird ihm ein Gebäude am Spielplatz zugewiesen, das eine Turnhalle, ein Klassenzimmer und einige freie Räume enthält. Hier richtet sich Reis nach und nach sein Laboratorium, sein „Physikalisches Kabinett" ein. In diesem Kabinett steht ein großer, mit dicker Platte versehener Tisch, auf dem er experimentiert, sobald er kann. Sein Sohn schreibt: „Da ihm die Arbeiten eines Mechanikers, Schlossers, Schreiners und Drechslers gleich geläufig waren und er auch dazu sämtliches Handwerkszeug besaß (auch eine Dreh- und Hobelbank), so machte er oft Verbesserungen an gekauften Apparaten und konstruierte sich Modelle."

Im Schulinstitut probiert er seine Konstruktionen und Erfindungen immer gleich aus. „Hatte er Aufsicht im Lehrsaal, saß er meist lesend in einer Ecke. Öfters war er gar nicht

Philipp Reis im Kreise seiner Schüler in Friedrichsdorf, 1864

camera obscura VII.6

im Saal, sondern in seinem Arbeitszimmer und tüftelte etwas. Um nun doch den Saal beobachten zu können, hatte er sich vor seinem Arbeitstisch eine Camera obscura hergestellt, in der er das ganze Schulgebäude überblickte und sah, ob noch alle ruhig an ihren Plätzen saßen oder nicht. Die Schüler glaubten sich stets unter Aufsicht und verhielten sich in den Arbeitsstunden ruhig." Die Konstruktion mit der Camera obscura wirkt wie eine frühe Überwachungskamera. Allein das Gefühl, beobachtet zu werden, diszipliniert die Schüler. Zumal sie wissen, dass der freundliche Lehrer Reis auch streng sein kann: „Als Lehrer war er streng, aber gerecht. Gewöhnlich teilte Reis lediglich ein paar Ohrfeigen aus", berichtet sein Sohn später. Er kann Schüler aber auch beschützen – so einen Jungen aus Ansbach, der nächtens einen schnarchenden Mitschüler mit Wasser übergoss, so dass der sich erkältete. „Morgens um 9 Uhr wurde ich von Herrn Reis zum Verhör gerufen und fürchtete eine empfindliche Strafe. Her Reis ließ sich ruhig den Sachverhalt erklären, dann hielt er mir eine wohl gemeinte und wohlverdiente Strafpredigt, sagte unter anderem, welche empfindliche Strafe mich träfe, wenn er die Sache dem Herrn Prof. Schenk meldete; er sagte, ich wäre doch sonst ein braver, sich gut betragender Schüler gewesen, er hoffe und wünsche, dass so etwas nicht mehr vorkäme, und entließ mich, indem er mir noch einige väterliche Ermahnungen auf den Weg mitgab. Von einer Strafe sah er ab. Sein Zweck war erreicht, so etwas kam nicht mehr vor, und meine Verehrung für den an sich schon hochverehrten Lehrer nahm noch mehr zu."

Noch bevor er das Telefon erfindet, bastelt Reis unermüdlich an den absonderlichsten Maschinen. So schraubt er kleine Metallräder unter die Kufen von Schlittschuhen – und erfindet damit den Rollschuh. Sein Sohn beschreibt das so: „Mein Vater benutzte als Rollschlittschuhe gewöhnliche Schlittschuhe, an denen er vier Bleirädchen, welche er in der Flanschen Eisengießerei hatte machen lassen (Frankfurt-Sachsenhausen), befestigte." Er lief damit in dem mit Sandsteinplatten belegten Hof des Geschäfts und auf guten Chausseen, ließ aber den Gedanken, nachdem er ihn so weit verwirklicht hatte, wieder fallen und keiner der Zuschauer ahnte wohl damals den späteren Aufschwung dieser „Spielerei". 20 Jahre später verbreiten sich die „Rollschuhe" rasant, als nämlich die glatten Asphaltböden aufkommen.

Roll-Schlitt-schuhe

Der Lehrer Reis wird allenthalben als leidenschaftlicher Bastler bekannt. Er selber spricht vom „Tüfteln und Bosseln". Sogar das Schreinern und Drechseln hat er erlernt. Ein von ihm als Probeleistung gedrechselter Aschenbecher aus Nussbaumholz bleibt lange im Besitz der Familie. Sein Naturell ist kreativ, neugierig und experimentierfreudig.

Er konstruiert einen Wassermesser, der automatisch den Wasserverbrauch registriert, um die gleichmäßige Versorgung der Stadt mit Frischwasser sicherzustellen. Im Auftrag der Stadt (1864) macht er sich ans Werk. Denn der Gemeinderat beschließt am 22. August

1864: „Zur richtigen Verteilung des Wassers soll ein Wassermesser nach dem Plan, den Herr Philipp Reis von hier hat vorlegen lassen, angebracht werden." Das Institut Garnier wird die Wasserzählerzentrale. Seine Lehrerkollegen geben ihm den Spitznamen „Institutsbrunnemächer", denn ein Laufbrünnchen steht mit einem Manometer im Lehrerzimmer in Verbindung. So erkennt Reis sofort, wenn die Schüler mit dem Wasser spritzen. Von den Kollegen bekommt er Scherzdekrete ausgestellt: „In Anerkennung der großen Verdienste, welche sich Herr Philipp Reis, Exhochmeister des Hochstiftes zu Frankfurt, Exmaître de lang ond korz zu Friedrichsdorf, unangesessener Bürger zu Gelnhausen etc, etc, etc, um sämmtliche saubere und unsaubere Institutsgewäßer erworben, finden wir uns in allerhöchster Huld und Gnade bewogen, denselben hiermit zum Institutsbrunnemächer zu ernennen und beauftragen unseren Finanzminister in Ausführung dieses Decretes alles Weitere zu veranlassen."

(handschriftliche Randnotiz links:) Spitz name

(handschriftliche Randnotiz rechts:) Lustige Auszeichnung

Humoristische Auszeichnung für den „Institutsbrunnemächer"

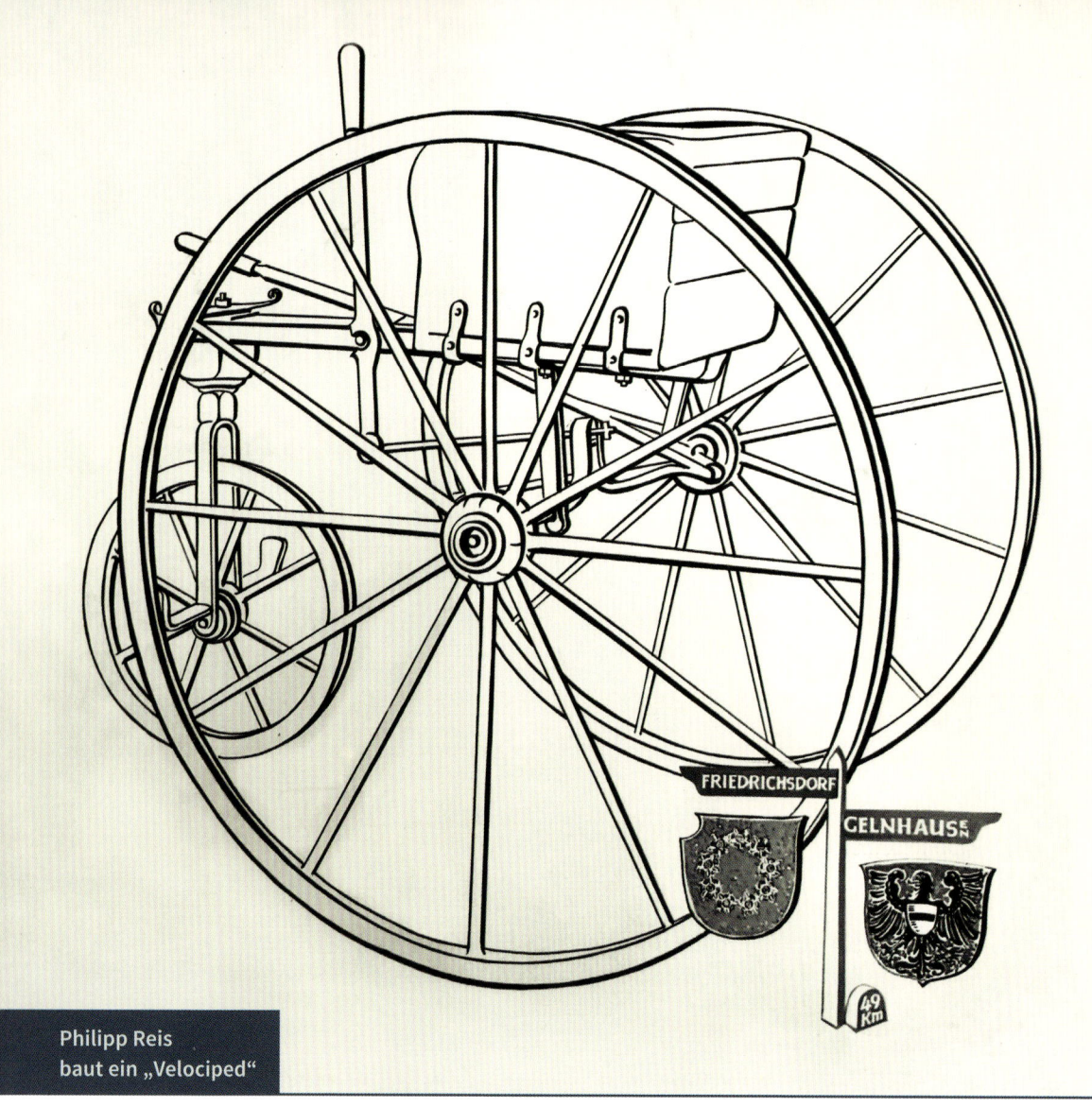

**Philipp Reis
baut ein „Velociped"**

Pflasterstein-
wecker!

Zu seinen Lieblingsideen dieser Zeit gehört ein „zuverlässiger Wecker". Sein Sohn berichtet: „Er ruhte nicht eher, als er einen solchen zustande gebracht hatte, der an Wirksamkeit nichts zu wünschen übrig ließ. Dieses Instrument bestand, wie er selbst mit drolligem Humor erzählte, aus einem von der Straße heraufgeholten Pflasterstein, den er im Schlafzimmer aufhing und mit einer Schwarzwälder Uhr in Verbindung setzte. Der Stundenanzeiger wirkte auf einen empfindlichen Hebelmechanismus, welcher den in einer gewissen Höhe zurückgehaltenen Stein zur bestimmten Zeit in Freiheit zu setzen hatte." Bei einer bestimmten Uhrzeit sollte der Stein herabfallen und dabei den Arm des Schläfers emporreißen. Es kommt jedoch, wie Reis zugesteht, nie zu einer solch jähen Unterbrechung des Schlafes, weil er stets in banger Erwartung zu früh erwacht; „und es dann vorzog vor Eintritt der Katastrophe den schweren Pflasterstein abzuhängen. Immerhin, meinte mein Vater launig, habe der Wecker auch auf diese Weise seinen Zweck erfüllt."

Eine originelle Innnovation wird sein Velociped. Es besteht aus zwei großen Holzrädern und einem kleineren Eisenrad; ein Holzkasten dient als Sitz. Angetrieben wird das Gefährt durch Hebelvorrichtungen mit den Händen. Und so fährt Reis mit dem neuartigen Fahrrad von seinem Geburtsort Gelnhausen nach Frankfurt – immerhin rund 50 Kilometer. Sein Velociped ist für seine Zeitgenossen ein beeindruckendes Gefährt – freilich keine echte Erfindung, mehr eine technische Weiterentwicklung und Neuentdeckung. Denn einzelne Muskelkraftwagen wurden schon im Mittelalter gebraucht, meistens als Wägelchen mit Lakaien-Fußantrieb in herrschaftlichen Gärten. Auch gab es bereits Wagen für Behinderte, von denen der mit den Armen bewegte Wagen des querschnittsgelähmten Uhrmachers Stephan Farfler der bekannteste ist.

In weiteren Experimenten forscht Reis sogar an der Solarkraft. Sein akademischer Ziehvater Dr. Poppe berichtet: „Im Jahr 1858 beschäftigt sich Reis mit der ersten selbstständigen experimentellen Untersuchung, wozu ich ihm meine Apparate zur Verfügung stellte. Unter anderem hatte ich ihm zwei große Parabolspiegel aus Messing geliehen, welche aus der mechanischen Werkstatt von Wilhelm Albert stammten. Eines Tages fand ich ihn eifrig an einer Elektrisiermaschine drehend – in der Absicht, im Brennpunkt des einen isolierten Hohlspiegels elektrische Funken überspringen zu lassen, und in gespannter Erwartung, ob sich an einem drei Meter entfernten, im Brennpunkt des zweiten Hohlspiegels angebrachten Elektroskop eine Wirkung zeige." 1859 nahm Reis die in Frankfurt begonnenen experimentellen Versuche über elektrische Strahlung in Friedrichsdorf mit besseren Hilfsmitteln wieder auf. Er brachte Schirme von verschiedenem Material zwischen die Hohlspiegel, um ihre Durchlässigkeit für elektrische Strahlen zu prüfen, und benutzte auch

Mit dem „Velociped" fährt er 50 Kilometer von Gelnhausen nach Frankfurt

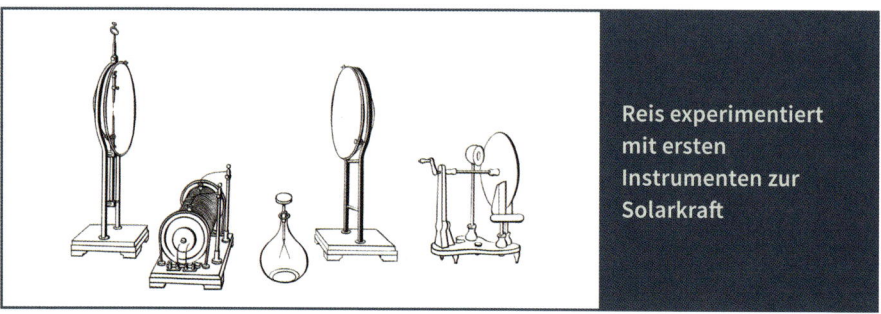

Reis experimentiert mit ersten Instrumenten zur Solarkraft

verschiedene Körperflächen zu Reflexionsversuchen. Seine Versuche schienen nicht ohne Erfolg gewesen zu sein, denn er sandte an Prof. Poggendorff in Berlin einen Artikel „Über strahlende Elektrizität" für die „Annalen der Physik".

Unterdessen, genau im Jahr 1866, wird die Landgrafschaft preußisch, was sich auch auf das Schulsystem auswirkt. Unterrichten darf nur noch, wer ein Lehrerexamen nachweisen kann – und das besitzt Reis ja nicht. Da helfen auch keine Eingaben seines Arbeitgebers und seiner ehemaligen Lehrer. Fortan darf er nur noch in den unteren Klassen unterrichten. Doch sein schulisches Sonderbudget für physikalische Experimente nutzt er weiterhin emsig. Er hat Lust am Neuen, verbietet sich Denkverbote und ist verliebt ins Gelingen – und sein Humor beseelt unterdessen die ganze Schule. Auf den Maskenbällen des Instituts nimmt Reis immer eine Hauptrolle ein, einmal als Moritatensänger einer Mordgeschichte mit Drehorgelbegleitung, einmal als predigender Kapuziner, der die Streiche und Leistungen seiner Schüler aufs Korn nimmt, einmal als „alter Friedrichsdörfer" im blauen Frack, der in tadellosem Hessisch-Französisch eine Mahnrede zum Besten gibt.

Preußische Truppen erreichen Frankfurt 1866

Im Korrespondenzbuch des Instituts aus dem Jahr 1967 findet sich eine bemerkenswert trockene Bilanz der Lehrtätigkeit von Philipp Reis: „Seit Ostern 1859 Lehrer der Anstalt. Er hat seine erste Ausbildung in der Anstalt genossen, hierauf die Gewerbeschule in Frankfurt am Main absolviert und sich dann durch Privatstudien weitergebildet. Er erthielt den Unterricht in Physik und Chemie und nebenbei sei bemerkt, dass er der Erfinder des Telefons ist."

Louis Frédéric Garnier, Gründer des Instituts Garnier

Philipp Reis im Kreis seiner Kollegen (1. Reihe, 2. von rechts)

DIE ERFINDUNG DES TELEFONS

U m seinen Schülern einen interessanten Unterricht zu ermöglichen, baut Philipp Reis aus einfachen Mitteln allerlei anschauliche Modelle. Eines ist der Nachbau einer Ohrmuschel, die Reis zu seiner bedeutenden Erfindung anregt. Die elektrische Sprachübertragung wird für ihn zu einer Lebensaufgabe.

Von 1858 bis 1863 bastelt er in der Scheune hinter seinem Wohnhaus an der Jahrhundertidee. 1860 ist der erste Prototyp fertig. Grundlage für sein Gerät zur elektrischen Tonübertragung ist das Holzmodell einer Ohrmuschel, das er für den Physikunterricht entwickelt hat. Als nachempfundenes Trommelfell dient ihm zunächst ein Stück Naturdarm (Wursthaut) mit einem feinen Platinstreifen als Ersatz für die Gehörknöchelchen. Treffen Schallwellen auf dieses „Trommelfell", versetzen sie es in Schwingungen, so dass der Stromkreis zwischen dem Metallstreifen und einer Drahtfeder unterbrochen wird.

Ohrmodell

Im Laufe seiner Versuche erkennt Reis, dass statt des Ohrmodells auch ein mit einer Membran bespannter Schalltrichter verwendet werden kann. Dieser Schalltrichter mündet in einem Gehäusekasten. Er versieht die Membran nun mit einem Kontakt aus Platin, der im ruhenden Zustand einen anderen Kontakt, der im Gehäuse befestigt war, gerade noch berührt. Über diesen Kontakt und einen äußeren Widerstand wird Strom geleitet.

Findet nun an der Membran ein Schallwechseldruck statt, kommt diese in Schwingung, was dazu führt, dass die Kontakte je nach dem Lauf der Schallwellen mehr oder weniger zusammengedrückt werden. Reis hat mit dieser Versuchsanordnung das Kontaktmikrofon erfunden – Basis für das spätere Kohlemikrofon, das auch in den Anfangsjahrzehnten des Rundfunks Verwendung finden wird.

Als Empfänger dient Reis eine Kupferdrahtspule, die um eine Stricknadel (sprechende Stricknadel) gewickelt wird. Die vom Sender ausgesandten Stromimpulse fließen nun über die Spule, wobei die bewegte Nadel die Impulse wieder in Schallwellen umsetzt. Zur Verstärkung des Schalls bedient sich Reis eines Holzkästchens als Resonanzboden.

Telefon von Reis, Geber

Die erfolgreiche Erfindung ist das Ende einer langen Tüftelei mit einer abenteuerlichen Versuchsanordnung. Reis konstruiert im Laufe der Zeit zehn verschiedene Prototypen, wobei das Grundprinzip stets dasselbe bleibt: Er baut das menschliche Ohr aus Holz nach, imitiert das Trommelfell durch dünne Häute – mal ist es die Blase eines Hasen oder eines Störs, dann wieder ein Stück Schweinedarm. Der Hammer des menschlichen Ohres wird durch einen Metallstift nachempfunden – fertig ist der „Sender" des Telefons.

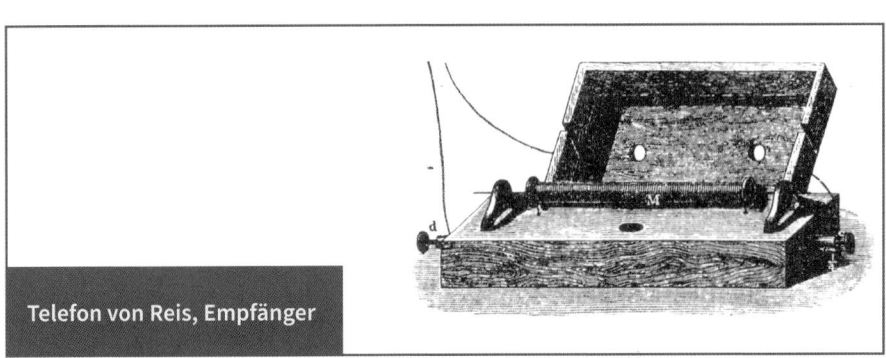

Telefon von Reis, Empfänger

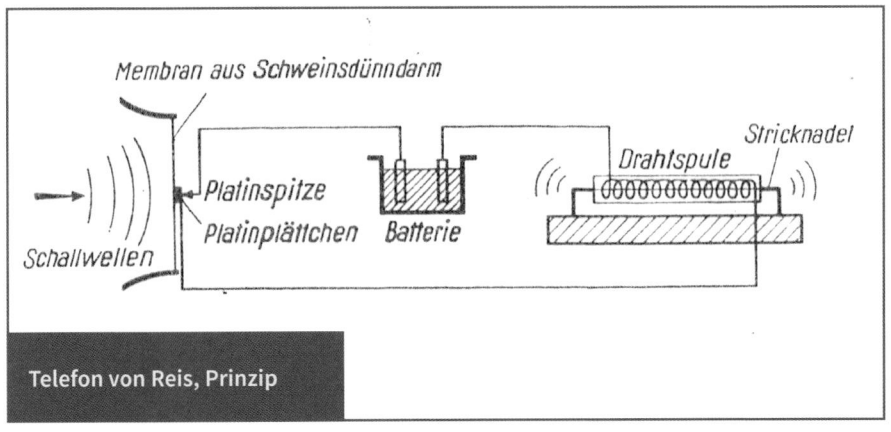

Telefon von Reis, Prinzip

Die erfolgreichen Experimente in Friedrichsdorf ermutigen Philipp Reis, seine Erfindung seinem akademischen Ziehvater Professor Adolf Poppe aus Frankfurt vorzuführen. Dieser beschreibt später die Erfolgsmeldung von Reis so: „In freudiger Erregung teilte er mir eines Tages mit, dass ihm die Fortpflanzung beliebiger Töne auf ziemlich große Entfernung endlich geglückt sei, und er lud mich und meine Frau ein, uns selbst mit Aug und Ohr davon zu überzeugen. So begaben wir uns denn vor Schluss der Sommerferien, an einem schönen Junitag des Jahres 1860, nach Friedrichsdorf und suchten Reis in seinem Heim auf. Nach einigen vorbereitenden Anordnungen wurde zur Probe mit dem von Reis eigenhändig angefertigten, allerdings noch sehr unvollkommenen Versuchsapparat geschritten, dem er den Namen Telefon beigelegt hatte (…) Einige Minuten nachdem sich Reis in das durch den Hofraum von seiner Wohnung getrennte Hintergebäude zum Absende-Apparat begeben hatte, erschallte aus der Richtung des Resonanzkästchens leise, doch im ganzen Zimmer vernehmbar, in einem summenden Tone die Melodie des Volksliedes „Muss i denn, muss i denn zum Städtele ’naus". Dann folgten noch einige andere bekannte Volkslieder ohne Worte. Dass direkte Schallleitung nicht im Spiele sein konnte, ließ sich leicht feststellen. Als Reis wieder ins Zimmer trat, war mein Erstes die naheliegende Frage, ob er mit der Melodie auch die Worte in den Absender gesprochen habe. Er bejahte es mit der Bemerkung, dass seine Bemühungen, auch das gesungene oder gesprochene Wort auf elektrischem Wege deutlich zu übertragen, bis jetzt ohne befriedigenden Erfolg gewesen seien. Indessen gebe er die Hoffnung nicht auf, mit sorgfältiger gebauten Apparaten und nach Anbringung einiger Verbesserungen auch dieses Ziel noch zu erreichen, ja er hoffe sogar, die Herstellung eines mündlichen Verkehrs zwischen zwei meilenweit voneinander entfernten Stationen noch zu erleben."

Nach diesem Erfolg tüftelt Reis an den Details seiner Konstruktion weiter. Der ehemalige Schüler Dr. Rudolph Messel schreibt 1883 eine Erinnerung:

„Reis betonte, dass sein Tongeber, den er als ‚Ohr' bezeichnete, dazu in der Lage sein sollte, die Aufgabe dieses Organs auszuführen. Er wurde nie überdrüssig, unzählige Kurven von Klängen anzufertigen, um darzulegen, wie nötig es sei, dass der Tongeber diesen grafischen Darstellungen folgen müsse, ehe man eine perfekte Sprachwiedergabe erreichen könne, und welche Art von Kurven das Instrument wirklich reproduzierte. Man führte viele Versuche aus, wobei man immer wieder die verschiedenen Bestandteile des ‚Ohres' vergrößerte oder verkleinerte. Man fertigte hölzerne und metallene Apparaturen an, um herauszubekommen, was wesentlich war und was nicht."

Ein anderer Schüler, Ernst Horkheimer, geht Reis mit seinen endlosen Verbesserungsversuchen ebenfalls zur Hand und berichtet später: „Der Geber wurde vielfach verändert … Die Rückseite war stets mit einem „Trommelfell" aus Schweinsblase verschlossen

und viele Hundert Blasen wurden gespannt, zerrissen oder bei den Versuchen verworfen." Reis experimentiert an jedem einzelnen Element seines Telefons und sucht nach Optimierungen, oftmals vergebens. Horkheimer schreibt: „Ich erinnere mich, wie Reis sich einmal mir gegenüber äußerte, er dächte daran, ein sehr dünnes metallenes,

Trommelfell' werde einmal das Geeignete sein. Einmal versuchten wir es wirklich damit, indem wir es auf beiden Seiten, außer an der Kontaktstelle, mit Schellack bestrichen. Ich glaube, es bestand aus sehr dünnem Messing; damals verliefen die Erprobungen nicht zufriedenstellend. Wir versuchten auch mit Talkum, aber auch ohne Erfolg. Wir behielten stets die Platinkontakte bei."

Dem Schüler und Erfinderassistenten Horkheimer fühlt sich Reis in besonderer Weise verbunden, so dass er ihm ein ungewöhnliches Geschenk zuschicken lässt: ein Selfie mit Telefon aus dem Jahr 1862. Allein die Fotografie ist wiederum ein geniales Tüftlerprodukt. Denn Reis nimmt das Foto selber auf, indem er mit einer dezenten Fußbewegung (darum ist der Fuß auf dem Foto abgeschnitten) einen selbst gebastelten Fernauslöser betätigt; dabei wirkt eine von ihm erfundene Luftdruckvorrichtung, wie sie für das Umblättern von Notentexten am Klavier soeben erfunden worden ist. Auf dem Foto hält Reis sein Telefon mit der Hand empor, er ist fein gewandet mit Anzugweste und Uhrkette. Das Bild schickt er Horkheimer mit einem eigenhändig geschriebenen Vers zu.

Die Übertragungsqualität der ersten Geräte ist noch miserabel. Ganze Sätze sind kaum zu verstehen. Kurze Sequenzen wie „Wer da?" Oder einzelne Worte wie „warm", „kalt" kann man aber gut verstehen. Bald merkt Reis, dass es leichter ist, Musik zu übertragen. Und so bläst bei mancher Vorführung einer auf dem Horn. Ist kein Instrument zur Hand, so greift man auch schon mal zum Kamm. Reis hat Spaß daran, seine Apparatur jedem zu zeigen, der sich interessiert. Besuchern in Friedrichsdorf führt er seinen Reis-Telefon-Prototypen leidenschaftlich vor. Wenn der Apparat versagt, so schreibt ein Zeitgenosse, schiebt Reis die Schuld augenzwinkernd auf seine Gäste: „Ihr seid ja auch halb taub!" Wenn jedoch alles geht, dann köpft er schon mal eine Flasche Wein.

Über die Erfindung des Telefons berichtet Reis in seinem Lebenslauf: „Durch meinen Physikunterricht dazu veranlasst, griff ich im Jahre 1860 eine schon früher begonnene Arbeit über die Gehörwerkzeuge wieder auf und hatte bald die Freude, meine Mühen durch Erfolg belohnt zu sehen, indem es mir gelang, einen Apparat zu erfinden, durch welchen es möglich wird, die Funktionen der Gehörwerkzeuge klar und anschaulich zu machen, mit welchen man aber auch Töne aller Art durch den galvanischen Strom in beliebiger Entfernung reproduzieren kann. Ich nannte das Instrument ‚Telefon'." Das Kunstwort (eine Kombination aus griechisch „tele"=fern und „phon"=Ton) wird eine Globalisierungsvokabel für Generationen und für Milliarden Menschen. Unter dem Zwetschgenbaum in Hessen hat es sich der Lehrer Reis erdacht.

Philipp Reis macht das erste Selfie Deutschlands.
Dazu erfindet er einen Selbstauslöser, den er mit
seinem Fuß betätigt

erstes
Selfie

In Frankfurt präsentiert Philipp Reis
seine ersten Telefone

DER DURCHBRUCH 1861

Nach den Präsentationserfolgen in kleinem Kreis sucht Reis nun die große wissenschaftliche Bühne. In Frankfurt bekommt er dazu am 26. Oktober 1861 die Gelegenheit. An diesem Tag darf er seinen Apparat den Mitgliedern des Physikalischen Vereins Frankfurt präsentieren, ein erlauchter Kreis von Gebildeten und Wissenschaftlern ist zugegen. Der Vortragstitel lautet: „Über die Fortpflanzung musikalischer Töne auf beliebige Entfernungen durch Vermittlung des galvanischen Stromes". Reis ist vorsichtig und konzentriert sich bewusst auf die Musik, nicht auf Sprache, denn da hapert die Übertragungsqualität immer noch. Da es in Frankfurt noch keine Universität gibt, gilt dieses Gremium als höchste wissenschaftliche Instanz der Region. Es muss also alles klappen.

Und für Reis läuft es wie am Schnürchen (eine Redewendung, mit der seine Erfindung die deutsche Sprache noch bereichern wird). Professor Poppe dokumentiert: „Der Empfänger befand sich im Hörsaal des Vereins, der Sender in einer Entfernung von etwa 100 Metern im benachbarten Bürgerhospital, dessen Fenster und Türen geschlossen waren." Reis lässt Musik spielen und durch die Stromleitung in den Hörsaal übertragen – dort sind die Lieder gut „hörbar". Am Ende des Experiments stimmt ein Bläser auf einem Horn die Melodie von „Muss i denn, muss i denn zum Städtele hinaus" an – und auch diese erste Livekonzert-Übertragung der Geschichte wird erfolgreich. Die Vorführung erregt „das Erstaunen und die Bewunderung der zahlreich versammelten Zuhörerschaft".

Physikalischer Verein in der Bleichstraße in Frankfurt zur Zeit des Vortrags von Philipp Reis

Prof. Dr. Rudolph Boettger 1806–1881

von 1835 bis zu seinem Tode Dozent des Physikalischen Vereins,

Zeugenbescheinigung von Prof. Dr. Rudolph Boettger

In dieser Präsentation nennt er öffentlich auch den griffigen Namen für seine Erfindung: „Telefon". Hernach erscheint im Jahresbericht 1860/61 des Vereins auf Seite 57 ein wissenschaftlicher Fachbericht von Reis: „Über Telefonie durch den galvanischen Strom".

Der akademische Leiter des Instituts, Professor Christian Boettger dokumentiert den historischen Durchbruch so: „Jetzt taucht ein erster Versuch auf, mit Hilfe von Elektricität Töne in jeder beliebigen Entfernung wieder zu producieren. Diesen ersten Versuch, der mit einigem Erfolg gekrönt ist, hat der Lehrer der Naturwissenschaften in Friedrichsdorf unweit Frankfurt a.M., Herr Ph. Reis angestellt, und in dem Hörsaal des physikalischen Vereins in Frankfurt vor zahlreich versammelten Mitgliedern am 26. October 1861 wiederholt." Boettger erkennt die langfristige Bedeutung des techno-

Der Unterzeichnete, seit 1835 bis auf diese Stunde als Docent der
Chemie und Physik am hiesigen Physika. Verein funktionierend, be-
scheinigt hiemit auf Pflicht und Gewissen, dass er den im Hörsaale
des genannten Vereins am 26. October 1861 u. am 4. Juli 1863 gehal-
tenen Vorträge des Herrn Philipp Reis aus Friedrichsdorf unweit
Frankfurt a/M " Über Fortpflanzung der Töne auf beliebige Entfernungen mit Hülfe der Elektricität" , sowie über das von ihm erfundene "Telephon" beigewohnt und unter persönlicher Assistenz bei
Anstellung von praktischen Versuchen mit diesem von Herrn Philipp
Reis erfundenem Telephon, behülflich gewesen.
Frankfurt a/M d. 25.April 80. Prof. Dr. Rud. Boettger.

Für die Richtigkeit.
Blickheim, den 16.8.36. Hark.

logischen Durchbruchs und schreibt weiter: „Mag man auch noch weit davon entfernt sein, dass man mit einem 100 Meilen entfernt wohnenden Freunde eine Konversation führen und seine Stimme erkennen kann, als ob er neben uns säße, die Unmöglichkeit kann nicht mehr behauptet werden."

Das positive Urteil Professor Boettgers wirkt wie ein Ritterschlag für den Erfinder. Der Physikalische Verein ist die Keimzelle der Frankfurter Universität, Boettger fungiert seit 1835 als Lehrstuhlinhaber und internationale akademische Koryphäe, vor allem seitdem er „Schwedische Zündhölzer" erfunden hat. In wissenschaftlichen Fragen fungieren Boettger und der Physikalische Verein als Gutachter, so obliegt ihnen die Beurteilung von Patentanträgen in den Gebieten des Deutschen Zollvereins und der Stadt Frankfurt.

Frankfurt, Römerberg zur Lebenszeit von Philipp Reis

Der Zwetschgenbaum im Garten dient Reis als erster Telegrafenmast

DAS ERSTE TELEFONAT DER WELTGESCHICHTE

Die Scheune in Friedrichsdorf

Da er seine Apparate immer weiter verfeinert und optimiert, wird auch die Sprachübertragung langsam besser. Das erste dokumentierte Telefonat der Welt hatte allerdings etwas groteske Züge. Es wird nicht in einer Großstadt, in keiner Akademie oder Universität, nicht im Beisein hoher Forscherprominenz oder Militärs, nicht einmal in einer Fabrik oder auch nur einem Haus abgehalten. Der erste Telefondraht der Welt verläuft aus einer hessischen Scheune. Über den staubigen Hof hinweg führt die Schnur von der reißschen Scheunen-Werkstatt direkt in sein Wohnzimmer. Und zwar über den Zwetschgenbaum im Garten hinweg, der ihm als erster Telefonmast dient. Der Erfinder hat für seine erste Präsentation auch keinen Professor oder Ingenieur zu Hilfe gebeten. Vielmehr wird sein Schwager Philipp Schmidt als Assistent engagiert.

Als wissenschaftlicher Dokumentar der ersten Übertragung tritt der Musiklehrer Henri Frederic Peter in Erscheinung. Er ist Kollege von Reis und gibt später zu Protokoll:

„Ich war zu der Zeit, als Reis das Telefon erfand (1861), Musiklehrer am garnierschen Institut. Da mich seine Experimente außerordentlich interessierten, besuchte ich ihn täglich, half ihm und machte ihm Vorschläge. Seine erste Idee war, das menschliche Ohr nachzubilden. Er konstruierte ein trichterförmiges Instrument, dessen eines Ende mit der Haut einer Hasenblase verschlossen wurde, auf der ein Stückchen Platin befestigt war, gegen das eine Platinstütze drückte. Als Empfänger des elektrischen Stromes benutzte er eine einfache, von einer Spule aus isoliertem grünen Draht umgebene Stricknadel, die anfangs einfach auf den Tisch gelegt wurde. Bei den ersten Versuchen wurde die Tonübertragung durch ein schnarrendes Geräusch gestört. Auf meinen Vorschlag hin stellte er die Spule mit der Nadel auf meine Geige, die als Resonanzkasten diente; daraufhin verstand man die Töne ausgezeichnet, obwohl sie immer noch von einem summenden Geräusch begleitet waren."

Der Prototyp ist mit dem Geigen-Element so verbessert, dass Reis nun eine öffentliche Präsentation wagt. Dazu lädt er neben dem Musiklehrer Peter auch den Hofrat Dr. Mül-

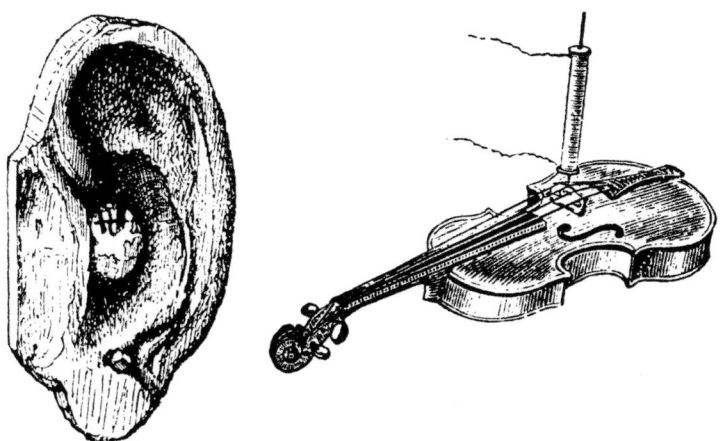

ler, den Apotheker des Ortes und Professor Dr. Schenk ein. Die akademischen Zeugen werden ins Wohnzimmer an die Stricknadel-Geige gesetzt. Der Schwager von Philipp Reis steht in der Scheune und spricht lange Sätze aus einem Sportbuch in den hölzernen Nachbau eines Ohrs mit künstlichem Trommelfell, das eben aus besagter Hasenblase besteht. Reis hält sich am anderen Ende der Leitung eine Geige ans Ohr – ein überdimensionierter Telefonhörer mit großem Resonanzkörper – und wiederholt die Sätze seines Schwagers fehlerfrei. Antworten kann er ihm jedoch nicht, die Kommunikation ist mit seiner Apparatur nur in eine Richtung möglich.

Das Publikum staunt, ist auch skeptisch und sucht wie ein Zirkusbesucher nach dem Zaubertrick. Für damalige Zeitgenossen verblüffend, irritierend, unglaublich, ja buchstäblich unerhört, dass Töne einfach so binnen Millisekunden in ein anderes Gebäude schwirren. Vielleicht hat er sich mit seinem Schwager Schmidt ja abgesprochen oder Reis das Buch einfach auswendig gelernt? Die Zuschauer verlangen, dass Reis nun möglichst sinnfreie Sätze identifizieren soll. So geht der Musiklehrer Peter in die Scheune hinüber und spricht den legendären Satz: „Das Pferd frisst keinen Gurkensalat" in das Holzohr. Und tatsächlich: Der absurde Text mit dem vitaminverachtenden Gaul bringt Reis am anderen Ende der Leitung in Verlegenheit. Diesmal glaubt er, nur die Hälfte zu verstehen und wiederholt: „Das Pferd frisst." Auch der nächste Versuch mit absurder Textur zeigt, dass die Erfindung zwar funktioniert, aber noch lange nicht ausgereift ist: „Die Sonne ist von Kupfer." Bei Reis kommt im Geigenkasten an: „Die Sonne ist von Zucker."

„Das Pferd frisst keinen Gurkensalat"

Philipp Reis, 26. Oktober 1861

Stilisierte Darstellung des ersten Telefongesprächs

Der Satz „Das Pferd frisst keinen Gurkensalat" gilt seit diesem Scheunenspektakel aus Friedrichsdorf als der erste offizielle Satz, der je durch ein Telefon gesprochen wird. Der Satz ist grotesk, fast dadaistisch. Das wird für Philipp Reis noch zum Nachteil. Denn das Problem seiner Karriere – die fehlende akademisch-institutionelle Patina – wird durch die Wortwahl manifestiert. In Wissenschaftlerkreisen gilt Reis nur als exzentrischer Bastler aus der Provinz. Mit Belustigung wird nun sein erster Satz zitiert, denn er untermalt, dass dieser Hesse zwar pfiffig, aber eben keine wissenschaftliche Koryphäe sei. Das Pferd und der Gurkensalat werden daher zum Markenzeichen des Bodenständigen – und das passt zu besagtem Hessen.

ZWIESPÄLTIGE RESONANZ

Goethes Geburtshaus (späteres Hochstift)
am Hirschgraben in Frankfurt am Main vor dem Umbau

Einen zweiten wichtigen Vortrag hält Philipp Reis am 11. Mai 1862 vor dem Freien Deutschen Hochstift in Frankfurt. Diesmal nennt er im Titel der Präsentation bereits den Namen der neuen Kommunikationsform: „Die Telefonie durch Leitung des galvanischen Stromes". Eine verbesserte Variante seines Apparates wird vorgeführt. Auch hier ist die Präsentation gut besucht, diesmal wird die Leitung durch zwei Zimmer gelegt. Wieder ist die Qualität der Sprachübertragung bruchstückhaft. Trotzdem empfinden die anwesenden Wissenschaftler das neuartige Telefon als Sensation. Einer der Zuhörer ist Wilhelm von Legat, Vorsteher der preußischen Telegraphen-Inspektion VIII in Frankfurt am Main. Der Fachmann erkennt das Potenzial der Erfindung und platziert daraufhin einen Artikel zur reisschen Erfindung im „Polytechnischen Journal", einer renommierten Fachzeitschrift. Dort schreibt er: „Es unterliegt keinem Zweifel, dass das hier zur Sprache Gebrachte, bevor eine praktische Verwertung mit Nutzen zu erwarten ist, noch einer erheblichen Fortdauer bedürfen wird, und namentlich die Mechanik den zu benutzenden Apparat vervollkommnen muss; doch bin ich nach den wiederholten praktischen Versuchen überzeugt, dass die Verfolgung dieser zur Sprache gebrachten Angelegenheit vom höchsten theoretischen Interesse ist, und die praktische Verwertung in unserem intelligenten Jahrhundert nicht ausbleiben wird."

Auch die Verantwortlichen des Freien Deutschen Hochstifts halten Philipp Reis für einen großen Erfinder. Sie würdigen ihn nach seinem Auftritt – und verleihen ihm später den Ehrentitel „Meister des Freien Deutschen Hochstiftes". Das Hochstift ist 1859 als gesamtdeutsche wissenschaftliche Institution gegründet worden und versteht sich als Wissenschaftler- und Gelehrtenforum aller deutschen Staaten. Es verfolgt einen reformatorischen Ansatz und will den klassischen Wissenschaftsbetrieb modernisieren und öffnen. Damit hat die Forscherinstitution eine politische Dimension und sieht sich in der national-demokratischen Tradition der 1848er-Bewegung. Doch Philipp Reis mag sich politisch nicht festlegen, er geht auf Distanz zum Hochstift, nimmt die „Meisterwürde" zwar an, betrachtet sich aber nicht als Mitglied des Forums. Das Deutsche Hochstift reagiert auf die Ablehnung der Mitgliedschaft beleidigt, zumal Reis den Kollegen erst 1864 erklärt, nicht dabei sein zu wollen – zwei Jahre nachdem ihm die „Meisterwürde" angetragen worden ist.

Philipp Reis will die Anerkennung des klassischen Wissenschaftsbetriebs. Dazu braucht er mehrere Apparate. Auf der Weltausstellung in London 1862 wird ein Nachbau des Reis-Telefons von dem in Paris lebenden Instrumentenbauer Dr. Rudolph Koenig vorgeführt. In Frankfurt beauftragt Reis den Kaufmann und Mechaniker Johann Valentin Albert, das Telefon in kleinen Stückzahlen zu produzieren, um sie international als wissenschaftliches Demonstrationsobjekt für 14 und 21 Gulden, beziehungsweise 8 bis 12 Taler zu verkaufen. Es wird eigens ein mehrseitiges Verkaufsprospekt mit Bedienungsanleitung produziert. Reis sieht sein Telefon aber noch nicht als kommerzielles Produkt an, sondern als Forschungsgerät. Er schreibt in dem Prospekt:

TELEPHON.

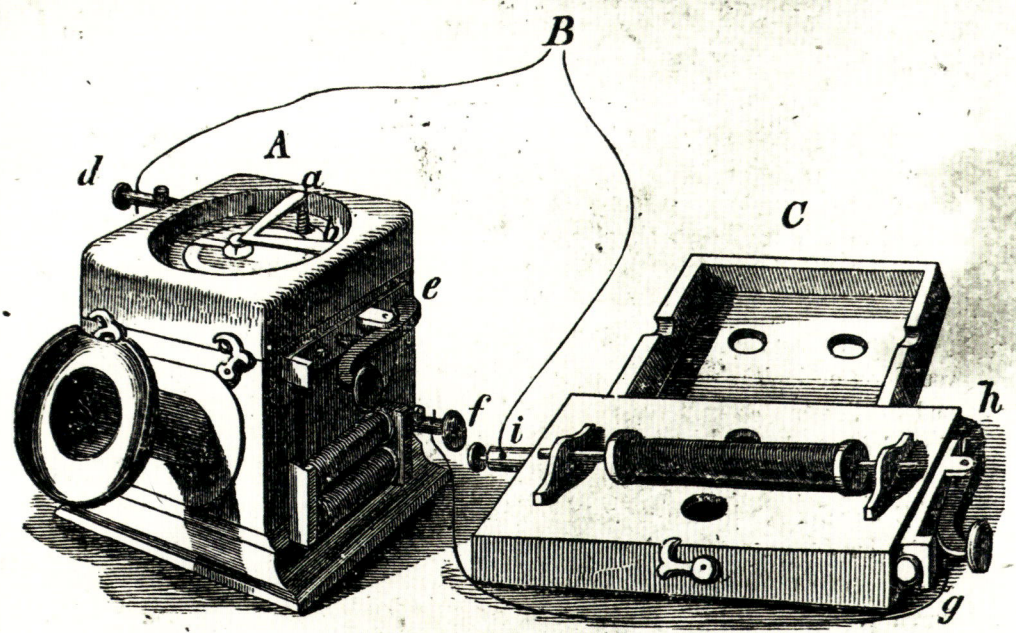

Jeder Apparat besteht, wie aus obiger Abbildung ersichtlich, aus zwei Theilen; dem eigentlichen Telephon A und dem Reproductionsapparat C. Diese beiden Theile werden in solcher Entfernung von einander aufgestellt, dass das Singen oder das Tönen eines musikalischen Instrumentes auf keine andere Weise, als durch den Apparat von einer Station zur anderen gehört werden kann.

Beide Theile werden unter sich und mit der Batterie B wie gewöhnliche Telegraphen verbunden. Die Batterie muss hinreichen, auf Station A die Anziehung des Ankers an dem seitlich angebrachten Elektromagneten zu bewirken. (3—4 sechszöllige Bunsen'sche Elemente genügen für mehrere Hundert Fuss Entfernung.)

Der galvanische Strom geht alsdann von B nach der Klemme d, von hier durch das Kupferstreifchen an das Platinplättchen auf der Mitte der Membrane, alsdann durch den Fuss c des Winkels nach der Schraube b, in deren kleine Grube man ein Tröpfchen Quecksilber bringt. Von hier geht der Strom alsdann durch den kleinen Telegraphirapparat e—f, dann zum Schlüssel der Station C und durch die Spirale über i nach B zurück.

Werden nun hinreichend starke Töne vor der Schallöffnung S erzeugt, so kommen durch die Schwingungen derselben die Membrane und das auf ihr liegende winkelförmige Hämmerchen in Bewegung; die Kette wird für jede volle Schwingung einmal geöffnet und wieder geschlossen und hierdurch werden auf Station C in dem Eisendraht der Spirale ebensoviele Schwingungen hervorgebracht, welche man dort als Ton oder Tonverbindung

Am 4. Juli 1863 stellt Reis auf einer Sitzung des Physikalischen Vereins in Frankfurt eine verbesserte Variante seines Telefons vor. Sowohl optisch als auch technisch ist der Apparat nun gereift, und Reis legt Wert darauf, dass jedermann ihn bedienen könne. Im „Polytechnischen Notizblatt" des Jahres 1863 wird vermerkt:

„Es sind jetzt zwei Jahre, seitdem Herr Reis seine Apparate zuerst der Öffentlichkeit übergab; und waren auch damals schon die Leistungen derselben in ihrer einfachen, kunstlosen Form staunenerregend, so hatten sie doch noch den großen Mangel, dass das Experimentieren mit denselben nur von dem Erfinder selbst möglich war. Die in der oben erwähnten Sitzung vorgezeigten Instrumente erinnerten kaum noch an die früheren. Herr Reis hat sich bemüht, denselben eine auch dem Auge gefällige Form zu geben, so dass sie jetzt in jedem physikalischen Kabinett einen Platz würdig ausfüllen werden. Diese neuen Apparate können nun auch von jedermann mit Leichtigkeit gehandhabt werden und gehen mit großer Sicherheit." In Berlin erscheint im Jahresband „Die Fortschritte der Physik im Jahre 1863" ebenfalls eine Würdigung der verbesserten Geräte: „In einer Entfernung von 300 Fuß wurden gesungene Melodien viel deutlicher als früher wiedergegeben. Besonders scharf reproduzierte sich die Tonleiter. Selbst Wörter konnten sich die Experimentierenden mitteilen, jedoch nur solche, die von ihnen schon oft gehört wurden."

Am 6. September 1863 wird das Reis-Telefon den höchsten politischen Kreisen vorgeführt. Anlass ist der Fürstentag in Frankfurt. Auf Einladung des österreichischen Kaisers sollen die deutschen Fürsten über eine grundlegende Reform des Deutschen Bundes beraten. Österreich ist – neben Preußen – die traditionelle Führungsmacht in Deutschland. So hat der österreichische Gesandte im Bundestag auch den Vorsitz. Das Gremium tagt vom 17. August an für zwei Wochen. Preußen bleibt der Versammlung allerdings fern, so dass die übrigen Staaten es nicht wagen, verbindlichen Vereinbarungen zuzustimmen. Da aber so viele wichtige Entscheider in Frankfurt sind, kommt es auch zu kulturellen und wissenschaftlichen Darbietungen. Das Reis-Telefon wird als eine Erfindersensation im Goethehaus vorgeführt. Kaiser Franz Joseph von Österreich hört erstaunt die Übermittlung musikalischer Töne. Insgesamt gelingt die Übertragung von Musik immer noch deutlich besser als die von Sprache.

Im gleichen Monat, da der Kaiser dem Telefon lauscht, stellt Professor Boettger vom Physikalischen Verein das verbesserte Telefon bei der 38. Versammlung der Gesellschaft Deutscher Naturforscher und Ärzte in Stettin vor. Auch hier zeigt sich allerdings das große Defizit, dass die Sprachübertragung kaum zu verstehen ist. Boettger ärgert sich zudem, dass das Sitzungslokal zu laut und zu voll gewesen sei.

Die Reis-Apparate werden nun an vielen Orten ausprobiert und von der Fachwelt diskutiert. Doch der offizielle Wissenschaftsbetrieb versagt Reis die durchschlagende

Franz Joseph I. von Österreich lauscht persönlich bei einer Telefonpräsentation in Frankfurt

Der Frankfurter Fürstentag 1863 wird zu einer Bühne für das neue Reis-Telefon

Anerkennung, ist er doch kein Akademiker, sondern ein Bastler. Es fehlt ihm wissenschaftliche Reputation, um die ganz großen Bühnen der Anerkennung zu finden. So sperrt sich auch Johann Christian Poggendorff gegen die Bekanntmachung der Erfindung in seinen „Annalen der Physik und Chemie" und nimmt den Aufsatz trotz von Legats Fürsprache auch nicht in sein „Biographisch-literarisches Handwörterbuch der exakten Naturwissenschaften" auf.

Der Sohn von Philipp Reis klagt später: „Wäre mein Vater damals mehr ermutigt worden von den Leuten, welche die ganze Erfindung als zwecklose Spielerei ansahen und auch selbst bei ihren Versuchen derart behandelten, so hätte er gewiss eifriger weitergearbeitet und Verbesserungen gefunden."

Reis hofft 1864 auf einen Auftritt vor der hochrangig besetzten Naturforscherversammlung in Gießen am 21. September. Auf diesem Kongress treffen sich Fachwissenschaftler aus allen deutschen Staaten und Österreich. Der Tagungsort liegt unweit von Friedrichsdorf – und Reis hofft auf den finalen Durchbruch. Für ihn wird diese Versammlung so wichtig, dass er sie in seinem später selbst formulierten „Lebenslauf" als einzige erwähnt.

Im Gießener Tageblatt erscheinen über die Vorführung des Telefons nur wenige Zeilen von Dr. Bohn, dem Schriftführer der Gruppe Physik: „Dr. Reis zeigt und erklärt sein Telefon und berichtet über die Entstehungsgeschichte des Instruments." 20 Jahre später, als Philipp Reis berühmt geworden ist, erinnert sich Bohn, dass er persönlich auf dem Kongress in Gießen die Versuche als Sprecher und Hörer durchgeführt habe. Man habe aber, um Worte überhaupt zu verstehen, das Ohr direkt auf den Resonanzkasten legen müssen. Bohn ist jedenfalls nicht sehr begeistert. Anders Professor Dr. Quincke, der von einer erstaunten Zuhörerschaft berichtet und bezeugt, dass er das Lied „Ach du lieber Augustin, alles ist hin" genau gehört habe. Carl Reis berichtet, dass die Qualität der Übertragung in Gießen schlecht gewesen sei. „Der Grund, dass die Versuche anderer Physiker mit dem Telefon betr. der Übermittlung von Worten nicht gelangen, liegt vielfach schon daran, dass die Membrane nicht richtig gespannt ist oder durch die Luft beeinflusst ist, auch das telefonische Sprechen und Hören muss dabei erst etwas gelernt sein. Meinem Vater gelangen zum Beispiel auch die Versuche nicht, als er das Telefon der naturwissenschaftlichen Gesellschaft in Gießen vorzeigte, während am nächsten Tag bei einigen Bekannten alles gut funktionierte."

Insgesamt empfindet Reis seine Vorführung in Gießen als Enttäuschung. Er kann zwar Interesse wecken, doch diesmal steht ihm auch sein eigener Stolz im Weg. Denn nach diesem Kongress kommt die Schriftleitung der „Annalen der Physik und Chemie", die 1860 noch einen Abdruck seiner Abhandlung verweigert hat, auf ihn zu und will berichten.

Auf der Naturforscherversammlung in Gießen am
21. September 1864 demonstriert Reis sein Telefon

Johann Christian
Poggendorff

David Edward
Hughes

Reis lehnt jedoch nun von sich aus einen Artikel ab – in der Gewissheit, seine Erfindung werde auch ohne Unterstützung durch Johann Christian Poggendorff bekannt werden. Das sollte zwar stimmen, aber eine systematische Öffentlichkeitsarbeit, wie Bell sie später betrieb, hätte Reis auf dem Weg zum Weltruf sicher geholfen.

Zwei Monate (am 28. November 1864) später hält Dr. Hermann Pick einen Vortrag mit Vorführung des Reis-Telefons in Wien. In österreichischen Fachbüchern tauchen erste Beschreibungen des „Reuss"-Telefons auf, doch auch hier wird betont, dass Sprachübertragung kaum verständlich und das Gerät verbesserungsbedürftig sei.

Einige Exemplare seiner Apparate gelangen auch nach Russland, Großbritannien, Irland und in die USA. Sie werden vor allem im angelsächsischen Raum als wissenschaftliches Demonstrationsobjekt bestaunt. 1865 erzielt der britisch-amerikanische Erfinder David Edward Hughes in England gute Resultate mit dem deutschen „Telefon" und führt die Erfindung im Sommer 1865 dem russischen Zaren Alexander II. auf dessen Sommersitz Zarskoje vor. Hughes schreibt: „Bei dieser Gelegenheit wollte ich nicht nur meinen Telegrafenapparat, sondern auch alle wichtigen Neuheiten auf den einschlägigen Gebieten berücksichtigen. Da erhielt ich im letzten Augenblick von Professor Philipp Reis in Friedrichsdorf bei Frankfurt sein neues Telefon zugesandt. Mit diesem Apparat war ich im Stand, nicht nur alle musikalischen Töne, sondern auch einzelne gesprochene Worte vollkommen deutlich zu übermitteln und zu empfangen … Dieser ausgezeichnete Apparat gründete sich auf die reine Theorie des Fernsprechens und enthielt alle notwendigen Erfordernisse, um ihm einen praktischen Erfolg zu sichern."

Im Herbst desselben Jahres demonstriert Stephen M. Yeates (1832–1901), ein technikbegeisterter Instrumentenbauer aus Dublin, die reissche Erfindung mit Erfolg vor einem ausgewählten Kreis, dem auch der irische Physiker William Frazer (1824–1899) beiwohnt, der die Leistungsfähigkeit des Telefons schriftlich bestätigt. Ab 1868 wird in den USA mit der deutschen Erfindung gearbeitet.

Einen letzten öffentlichen Auftritt hat Philipp Reis bei der Vorführung seines Telefons auf der Homburger Gewerbeausstellung im Juli 1867. Die Presse feiert seine Präsentation hernach so: „Ein Schritt weiter zur Vollendung – und in diesem Apparat feiert der menschliche Geist seinen höchsten Triumph. Ob dieser Schritt getan wird, müssen wir der Zukunft und dem geistreichen Erfinder, oder anderen, die sich auf seine Schultern stellen, überlassen."

Philipp Reis ist trotz der vielfach positiven Resonanz enttäuscht, dass ihm die Sprachübertragung nur so bruchstückhaft gelingt, dass er als Leierkastenerfinder angesehen wird, dass er keine wissenschaftliche Würdigung der großen Akademie erreicht, dass er kein Geld mit seinem Telefon verdienen kann. Frustriert tritt er gar aus dem Physikalischen Verein aus und wendet sich lieber neuen Ideen zu, so einer „Fallmaschine" und einer „Wetteraufzeichnungsmaschine". Heimlich tüftelt er aber auch 1872 und 1873 noch einmal am Telefon weiter. Sein Sohn bezeugt: „Er hatte die Platte einer Spieldose auf einem Kästchen über einem Stück Eisen befestigt, und die Zähnchen der Platte sollten durch Anziehung und Abstoßung wohl zum Schwingen gebracht werden und eine in den Empfänger gespielte Melodie wiedergeben. Doch er hat sich mit niemandem darüber ausgesprochen, und diese Idee ist mit ihm begraben worden."

FRÜHER TOD

Reis kann den Welterfolg seiner Erfindung nicht mehr miterleben. Er erkrankt schwer. Nicht einmal 40 Jahre alt, erwischt ihn die Tuberkulose. Im 19. Jahrhundert ist das für Millionen von Menschen ein Todesurteil. Tuberkulose tobt wie eine Pest in der damaligen Zeit. 1815 werden in England ein Viertel aller Todesfälle und noch 1918 in Frankreich ein Sechstel der Todesfälle durch Tuberkulose verursacht. In der Altersgruppe der 15- bis 40-Jährigen ist um 1880 jeder zweite Todesfall in Deutschland auf diese Krankheit zurückzuführen. Auch in ländlichen Gegenden stellt die Tuberkulose die häufigste Todesursache dar. Und Friedrichsdorf ist ein ländliches Gebiet. Häufig sprechen die Menschen von Schwindsucht.

Das Mycobacterium tuberculosis tötet am Ende auch Philipp Reis. Die Bakterien werden in die Lunge geatmet. Dort sollten sie von Makrophagen, den Fresszellen des Immunsystems, getötet werden. Der Killer lässt sich von den Fresszellen zwar fressen, aber dadurch nicht zerstören. Ein Taschenspielertrick, auf den das menschliche Immunsystem hereinfällt. In den Fresszellen vermehren sich die Bakterien und infizieren den Organismus. Die Lunge zerfällt. Wie Motten die Wolle durchlöchern, so zerstören die Tuberkulose-Erreger die Lunge. Reis sucht Heilung in einem Sanatorium in Bad Soden am Taunus und verbringt dort einige Wochen. Bad Soden ist zu dieser Zeit einer der beliebtesten Kurorte Deutschlands, aus ganz Europa kommen Gäste zu den Salzquellen mit Genesungshoffnungen. August Heinrich Hoffmann von Fallersleben gehört ebenso dazu wie Felix Mendelssohn Bartholdy, Otto von Bismarck ebenso wie Richard Wagner, ja sogar der spätere Kaiser Wilhelm I. kommt 1861 hierher. In Bad Soden entstehen mit dem Andrang so prominenter Kurgäste zahlreiche Kurvillen und Hotels, ein Kurpark im

Vom Frankfurter Bahnhof aus fährt Philipp Reis in Kur nach Bad Soden

Das Kurhaus in Bad Soden im „Schweizer Stil"

Stil eines englischen Gartens wird angelegt und ein Kurhaus im schweizerischen Stil erbaut. Die Zeit in Bad Soden gefällt Reis jedenfalls nicht nur gut, er erholt sich auch sichtlich und hofft, die tückische Krankheit dort zu besiegen.

Grab von Philipp Reis auf dem Friedrichsdorfer Friedhof

Doch wenige Monate später kehrt in Friedrichsdorf die Krankheit mit voller Wucht zurück. Röchelnd und Blut hustend, unheilbar dieser Tuberkulose ausgeliefert, wird Reis in einen grausamen Sterbeprozess gezwungen. Er verliert die Stimme, leidet unter heftigen Schmerzen und zieht Anfang Januar 1874 ein bitteres Fazit seines Lebens. „Ich habe der Welt eine große Erfindung geschenkt", sagt er zu einem engen Freund auf dem Sterbebett, „anderen muss ich nun überlassen, sie weiterzuführen."

Wenige Tage später stirbt er, am Nachmittag um halb fünf des 14. Januar 1874 im Alter von gerade einmal 40 Jahren. Jener rastlose Autodidakt, der unsere Kommunikation beschleunigt und revolutioniert hat, vielleicht einer der kreativsten und ehrgeizigsten deutschen Tüftler überhaupt. Auf jeden Fall aber einer der am meisten in Vergessenheit geratenen. Wer kennt schon den Physik- und Chemielehrer Philipp Reis aus Gelnhausen? Dabei war er es, der am 26. Oktober 1861 in Frankfurt das erste funktionstüchtige Telefon der Welt vorgestellt hat. Der wird auf dem Friedrichsdorfer Friedhof beigesetzt. Weder Ruhm noch Geld bringt ihm seine welthistorische Schöpfung ein. Vererben kann er wenig, seine Tochter verarmt, sein Sohn wird bescheiden bezahlter Buchhalter in der Ferd. Stemler Zwiebackfabrik und Kaufmann in Homburg.

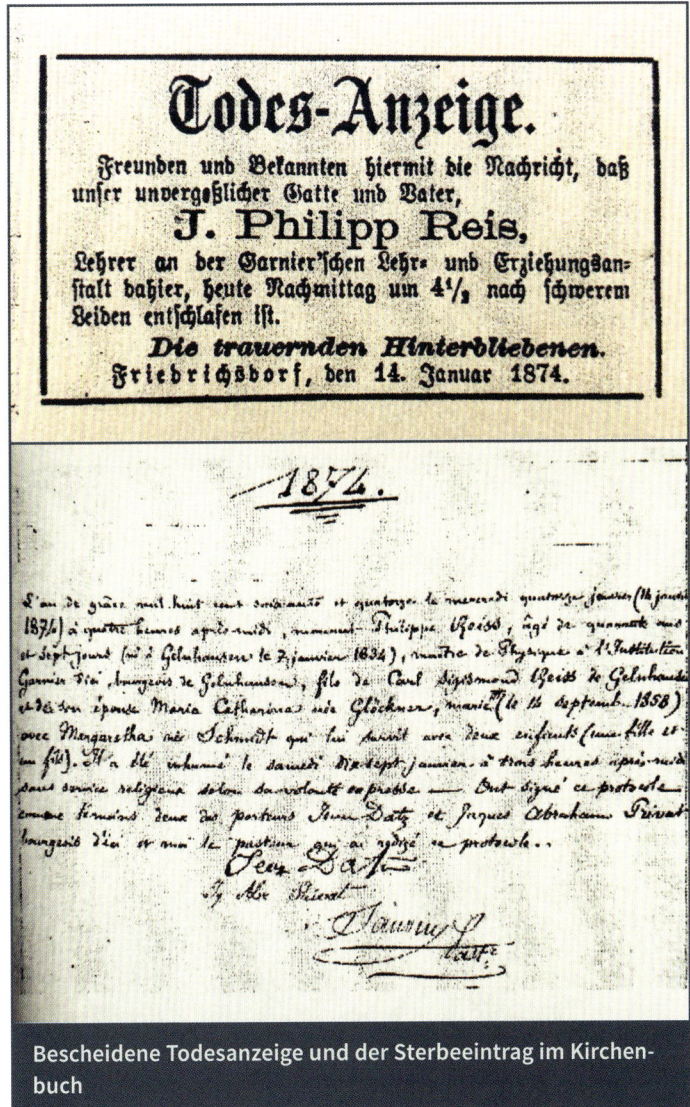

Bescheidene Todesanzeige und der Sterbeeintrag im Kirchenbuch

Seinem Wunsch folgend erhält er ein einfaches Begräbnis in aller Stille; kein Grabstein soll die Stelle seiner letzten Ruhe markieren. Die Seinen wüssten ihn schon zu finden. Doch vier Jahre später enthüllt der Physikalische Verein unter Trauermusik seinen von Carl Rumpf gestalteten Grabstein, bestehend aus einem Obelisken mit einem Medaillon, das ein Porträt von Reis bis heute zeigt.

Das Reis'sche Telephon
Original-Apparate, welche
Worte übermittelten.

Telephon „Geber".

Tel. „Empfänger".

1834   1874.

Philipp Reis
Erfinder des Telephons
Friedrichsdorf-(Taunus)

Wohnung v. Ph. Reis 1858-74

Grab-Denkmal. 1878.

Elise und Carl Reis haben ihren Vater
früh verloren

Margarethe Reis mit ihren erwachsenen Kindern Carl und Elise

REIS WAR ES, NICHT BELL!

Philipp Reis kann durch seinen frühen Tod den Welterfolg seiner Erfindung nicht mehr erleben oder genießen, geschweige denn davon profitieren. Deutsche Wissenschaftler sehen in dem „Telefon" eines hessischen Amateurs ohnedies eher eine nette, aber ziemlich unnütze Spielerei. Doch im Ausland, vor allem in den USA, beschäftigen sich seit den 1860er-Jahren immer mehr Forscher mit seinen Apparaten und suchen nach Verbesserungen seiner Basistechnologie. So publiziert etwa Peter Henri van der Weyde seine Erfahrungen mit Nachbauten des Reis Telefons 1869/70 im Journal „Scientific American". Und auf diesen Ergebnissen bauen neue Forscher ihre Entwicklung auf. Einer von ihnen ist Alexander Graham Bell.

Am 14. Januar 1876, auf den Tag genau zwei Jahre nach dem Tod von Philipp Reis, meldet der schottische Immigrant in den USA ein Telefon zum Patent an. In einem legendären Wettrennen kommt er damit seinem Konkurrenten Elisha Gray zwei Stunden zuvor. Und zugleich 15 Jahre zu spät, um im Vergleich mit Philipp Reis als echter Erfinder gelten zu dürfen.

Die New York Times berichtet daher auch am 22. März 1876 in einem Artikel über „The Telephone", dass selbstverständlich der Deutsche Philipp Reis (er wird dort Reuss geschrieben) der Erfinder sei. Wörtlich heißt es dort:

„Prof. Reuss, a distinguished German performer on telegraphic instruments, has recently made an invention which cannot fail to prove of great interest to musicians, and, indeed, to the general public. The telephone – for that is the name of the new instrument – is intended to convey sounds from one place to another over the ordinary telegraph-wires, and it can bused to transmit either the uproar of a Wagnerian orchestra or the gentle cooing of a female lecturer … When Mme. Titiens is singing, or Mr. Thomas' orchestra is playing, or a champion orator is apostrophizing the American eagle, a telephone, placed in the building where such sounds are in the process of production, will convey them over the telegraph-wires to the remotest corners of the earth. By means of this remarkable instrument, a man can have the Italian opera, the Federal Congress, and his favorite preacher laid on in his own house …"

Alexander Graham Bell erhielt am 10. August 1876 den ersten erfolgreichen Ferngesprächsanruf der USA in Brantford in Robert Whites Schuhgeschäft und Telegrafenbüro

Die amerikanische Historiografie feiert Graham Bell gleichwohl seit Jahrzehnten als den Erfinder des Telefons. Und sie tut es so patriotisch laut und medial durchdringend, dass die Welt das inzwischen glaubt. Dabei besteht kein Zweifel an den zeitlichen Abläufen, dass also Reis anderthalb Jahrzehnte früher dran war als Bell. Bell selber hat auch nie ein Geheimnis daraus gemacht, dass er das Telefon von Reis gekannt und genutzt hat. In seinen eigenen „Untersuchungen über elektrische Telefonie" erwähnt er Reis namentlich. Auch in Bells großen Vorträgen (im Mai 1876 vor der Amerikanischen Akademie der Wissenschaften und Künste sowie im November 1877 vor der Gesellschaft der Telegrafen-Ingenieure) gibt er ausdrücklich Hinweise auf die Untersuchungen von Reis und lässt im Abdruck der Vorträge die Diagramme und Beschreibungen von Philipp Reis aus dem „Polytechnischen Journal" explizit publizieren. In seinem britischen Patent erhebt Bell auch nicht den Anspruch, der Erfinder, sondern nur der Verbesserer des Telefons zu sein. Der genaue Titel seines Patents lautet daher „Verbesserungen in der elektrischen Telefonie (Übertragung oder Erzeugung von Tönen zum Zweck telegrafischer Nachrichten) und an telefonischen Apparaten".

Bell lernt bereits 1862 in Edinburgh ein frühes Modell des reisschen Telefons kennen. Sein Vater verspricht ihm und seinen Brüdern einen Preis, wenn sie diese deutsche Sprechmaschine weiterentwickeln würden. So macht es Alexander dann auch, besser, er lässt es machen. Sein Assistent Thomas A. Watson tüftelt und optimiert am reisschen Gerät herum. Im März 1875 experimentiert Bell sogar an der amerikanischen Forschungs- und Bildungseinrichtung Smithsonian Institution in Washington mit einem neueren Fernsprechermodell des Deutschen. Kurzum: Bell ist nicht der Erfinder des Telefons, wohl aber sein entscheidender Weiterentwickler, Patentinhaber und genialer Vermarkter. Er verhilft der Technologie zum großen Durchbruch, der Philipp Reis zeitlebens versagt geblieben war. Und er baut binnen weniger Jahre ein Wirtschaftsimperium auf. Plötzlich erobert das Telefon von den USA aus den europäischen und deutschen Markt.

In der Frage, ob Bell nicht doch als legitimer Telefon-Erfinder gelten könne, werden drei Argumente für den Amerikaner ins Feld geführt. Erstens habe Bell nun einmal das entscheidende Patent als Erster angemeldet. Das stimmt. Philipp Reis konnte ein rechtlich einwandfreies Patent gar nicht anmelden, denn das deutsche Patentgesetz wird erst am 25. Mai 1877 beschlossen und tritt am am 1. Juli 1877 in Kraft. Da ist Reis schon drei Jahre tot. Die USA hingegen haben ein geschlossenes Patentrecht schon länger. Das Patent-Argument ist freilich ahistorisch und legalistisch. Denn die meisten Erfindungen bis weit ins 19. Jahrhundert hinein sind nicht durch moderne Patente kodifiziert worden – vom Buchdruck bis zur Dampfmaschine – und trotzdem erkennt man ihre geistigen Väter eindeutig als Erfinder an.

Das zweite Argument für Bell und gegen Reis vertritt die These, Reis habe nur das „Ton-Telefon" erfunden, nicht aber das Sprach-Telefon. Der französische Wissenschaftschronist Amédéé Guillemin resümierte schon 1891: „Obwohl die Telefone von Reis in die ganze Welt geschickt wurden, geriet diese brillante Erfindung seltsamerweise fast in Vergessenheit. Gezielt wurden viele Missverständnisse über die Natur von Reis' Erfindung in die Welt gesetzt, und es wurde versucht, sie als bloßes Musikspielzeug zu stigmatisieren. Es wurden Personen gefunden, insbesondere Anwälte, die für das bezahlt wurden, was sie sagten, um zu erklären, dass Reis' Apparat niemals Sprache übertrug und niemals übertragen würde." Vor allem im Gefolge der Patentrechtsstreitigkeiten von Bell gab es Gutachten, die Reis entsprechend stigmatisieren sollten: Der Deutsche habe zwar ein Telefon erfunden, nicht aber *das* Telefon. Richtig an diesem Argument ist die Tatsache, dass das Reis-Telefon Musik und Töne deutlich besser übertragen hat als Sprache. Reis hat unter dieser Konstruktionsschwäche seiner Apparate immer gelitten und häufig selber nur von „Ton-Reproduktion" gesprochen und geschrieben. Die populäre Zeitschrift „Die Gartenlaube" beschrieb die Erfindung ebenfalls als den „Musiktelegrafen". Doch Reis nannte sein Gerät nicht „Musik-Telefon" oder „Sprech-Telefon", sondern einfach „das Telefon", denn tatsächlich war die Übertragung von Tönen

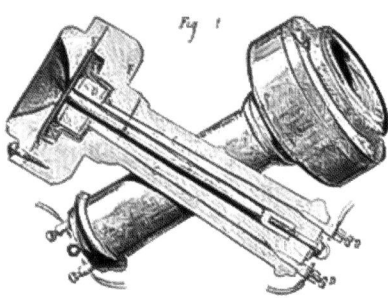

Zeitungsbericht im „Scientific American" vom Oktober 1877 über die bellschen Telefone

und Sprache derselbe technische Vorgang. Und schließlich ist die Übertragung von gesprochenen Worten mehrfach vorgeführt, bezeugt und belegt worden. Vom Ursatz „Das Pferd frisst keinen Gurkensalat" bis hin zu den historischen Apparatetests im Washingtoner Smithsonian Institut, als die Sätze „Wie weit ist es nach New York" gesprochen und auch durch die Reis-Telefone gehört wurden. Auch im Nachhinein sind die Reis-Apparate mehrfach getestet und als sprachübertragungstauglich nachgewiesen worden – wenn auch mit schlechter Qualität.

Das dritte Argument für Bell als Erfinder ist technischer Natur. Es betont, dass bei Bell im Gegensatz zu der reisschen Schallübertragungsmethode, die auf der Schwingung einer Membran beruhte, nun die elektromagnetische Induktion nutzbar wurde. Bell verwendete jetzt sowohl für den Lautsprecher als auch für das Mikrofon elektromagnetische Spulen, Dauermagnete und einen regelbaren Widerstand. 1877 wurde dann auch ein neuartiger Schallwandler verbaut, der den druckabhängigen Übergangswiderstand zwischen Membran und einem Stück Kohle zur Signalgewinnung nutzte. All diese Details

Historischer Anruf von Alexander Graham Bell nach Chicago am 18. Oktober 1892 von der amerikanischen Telefon- und Fernschreibergesellschaft Nr. 18 Cortlandt St, New York

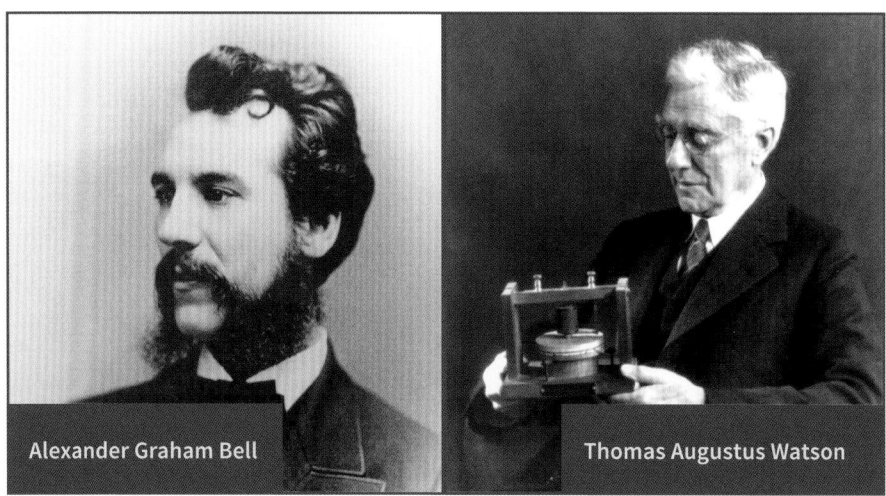

Alexander Graham Bell

Thomas Augustus Watson

sind zweifellos große technische Verbesserungen der ersten Telefone. Bell gelingt es damit, die Übertragungsqualitäten der Kommunikation deutlich zu optimieren, doch das Grundprinzip, Töne, Laute und Sprache über elektrische Impulse zu transportieren, stammt gleichwohl von Philipp Reis.

In Deutschland rückt Reis als der wahre Erfinder des Telefons erst wieder ins Bewusstsein, als sich Bells marktfähige Telefone auf den Weltmärkten durchsetzen. Weil sie keine Lizenzgebühren an Bells Imperium zahlen wollen, klagen nun etliche Firmen gegen Bells Patent – schließlich sei doch der eigentliche Erfinder des Telefons Philipp Reis. „Wir Esel", beginnt Unternehmer Werner von Siemens 1877 einen Brief an seinen Bruder. Auch wenn die deutschen Firmen sich erfolgreich weigern, Lizenzgebühren an Bell zu zahlen, ärgert den Firmenchef die fehlende Vision der Deutschen, die das Potenzial des Telefons lange nicht erkannt haben – und so den Wissensvorsprung leichtfertig verspielten. Man habe, resümiert Siemens, das Telefon, dieses „Wunder des Verstehens", zwar bestaunt, „aber die Sache nicht verfolgt, auch dann nicht, als Reis es elektrisch zu machen versuchte".

Den originalen Reis-Apparat fordert man nun aus Friedrichsdorf an und stellt ihn im neu gegründeten Reichspostmuseum in Berlin auf. Heinrich von Stephan, der Generalpostmeister des Deutschen Reiches, wird dem Telefons in Deutschland zum Durchbruch verhelfen. Nicht nur das Militär betrachtet es zusehends als nützlich. Stephan fordert 1877 ein Telefon für jeden Haushalt und auf ihn geht das lange Zeit praktizierte Telefonmonopol der Post zurück. Friedrichsdorf erhält 1891 seine ersten Anschlüsse.

Elisha Gray

Von da an geht die Entwicklung auch in Deutschland rasant voran. Im Jahr 1910 sind weltweit zehn Millionen Fernsprecher an die Vermittlungsstellen angeschlossen, davon allein in Deutschland 941.000. 1930 gibt es in Deutschland rund 3,2 Millionen Telefonanschlüsse. Das erste schnurlose Mobiltelefon kommt im Juni 1983 auf den Markt. Es ist über 20 Zentimeter lang und der Akku nach einer halben Stunde Sprechzeit leer. Heute bestehen allein in Deutschland rund 100 Millionen Handy-Verträge und 39 Millionen Festnetzanschlüsse.

„Nature", die weltweit angesehenste Zeitschrift für Naturwissenschaften, beschreibt 1878 die Erfindung des Telefons durch Reis und den Aufbau von verschiedenen Entwicklungsstadien der reisschen Erfindung. 1883 erscheint die erste große englischsprachige Biografie mit zahlreichen Details, Originaldokumenten und Übersetzungen unter dem Titel „Philipp Reis: Inventor of the Telephone". Der Verfasser, der britische Physiker Silvanus Phillips Thompson, sieht ihn selbstverständlich als Erfinder des Telefons an.

Der große Vermarkter aber bleibt Bell. Nach dem 7. März 1876 wird er weltberühmt: Denn an diesem Tag erhält Bell das US-Patent 174.465, das Patent fürs Telefon. Am 10. März 1876, 15 Jahre nach dem Satz „Das Pferd frisst keinen Gurkensalat" soll, nach amerikanischer Legende, der erste deutlich übertragene Satz übertragen worden sein: „Watson, come here. I want to see you." Bell soll sich aus Versehen Säure über die Kleidung geschüttet und nach Watson gerufen haben.

Und als ihm kurze Zeit später auch das erste Telefongespräch glückt, schreibt er begeistert an seinen Vater: „Ich fühle, dass der Tag kommt, an dem Drähte in jedes Haus gelegt werden, wie Wasser oder Gas. Und Freunde werden sich unterhalten, ohne ihre Häuser verlassen zu müssen."

Bell stellt sein verbessertes Gerät 1876 auf der Weltausstellung in Philadelphia vor. Der Auftritt wird ein großer PR-Erfolg: Bell bekommt sogar einen Preis für die nützlichste Erfindung seiner Zeit. Doch von Anfang an wird Bell der Erfolg auch streitig gemacht. Mehrere Konkurrenten, insbesondere Elisha Gray, aber auch Amerikas Telegrafengesellschaften wie die Western Union Company, fechten sein Patent rechtlich an. Sehr früh

Arbeiterinnen bei Bell Telephone Exchange in Montreal

geht es bei diesen Prozessen um wirtschaftliche Ansprüche und Vorteile. Die Serie von „Telephone Cases" wird zu einer der berühmtesten Patentrechtsstreitigkeiten der USA.

Bell kann letztlich die meisten Prozesse zu seinem Vorteil gewinnen. Selbst der Oberste Gerichtshof entscheidet zugunsten der Bell Telephone Company.

Als der britische Wissenschaftler Silvanus Thompson, Professor für Experimentalphysik an der Universität Bristol, 1883 sein akribisch recherchiertes und sachlich herausragend fundiertes Buch mit dem Titel: „Philipp Reis: Inventor of the Telephone" veröffentlicht, kommt es zu weiteren Prozessen. Denn nun scheint klar, dass Reis und nicht Bell der wahre Erfinder des Telefons gewesen ist. Als das Buch von Thompson erscheint, lassen

die Anwälte von Bell einen Großteil der Auflage aufkaufen und vernichten. Bell wird am Ende mit Prozessen überzogen, er habe das Patentamt bestochen oder korrumpiert. Doch dafür fehlen die Beweise.

Bell selbst zieht sich wegen der vielen Prozesse aus der Leitung des von ihm gegründeten Unternehmens zurück. Er schenkt seiner taubstummen Frau zur Hochzeit einen guten Teil seiner Firmenanteile – im 19. Jahrhundert ein unerhörter Vorgang –, hilft bei der Gründung des Wissenschaftsmagazins „Science", wird Präsident der National Geographic Society und entwickelt Flugzeuge. Seine Gesellschaft heißt später AT&T und betreibt ein Quasimonopol, das erst 1984 endet. Die Nachfolgeunternehmen existieren noch heute, einige gehören zu den größten der Welt. Von Philipp Reis bleibt hingegen fast nichts. Nur das Wichtigste: die Ehre, als wahrer Erfinder des Telefons anerkannt zu werden.

Im Jahr 1868 verfasst Philipp Reis
einen Lebenslauf.

Ich nannte das Instrument Telefon

Ich wurde am 7. Januar 1834 zu Gelnhausen, einer kleinen Kreishauptstadt des ehemaligen Kurfürstentums Hessen, geboren. Meine Eltern gehören der unierten evangelischen Kirche an. Mein Vater war Bäckermeister, betrieb aber, wie es die Verhältnisse kleiner Landstädtchen meistens erheischen, nebenbei auch etwas Landwirtschaft. Da meine Mutter sehr früh verstorben war, so wurde meine erste Erziehung von meinem Vater und dessen Mutter, einer würdigen alten Frau, geleitet. Während mein Vater stets bemüht war, meine geistigen Kräfte durch Belehrungen über die Umgebung (durch Besprechung des wirklich Wahrgenommenen) auszubilden, wendete sich der Großmutter Tätigkeit auf die Gemütsbildung und die Entwicklung des religiösen Sinnes, wozu sie durch die Erfahrungen eines langen Lebens, ihre Belesenheit und besonders durch die Gabe, zu erzählen, sehr befähigt war.

Mit dem sechsten Jahre kam ich in die Volksschule meiner Vaterstadt. Ich erwarb mir bald die Liebe und die Zufriedenheit meiner Lehrer. Dieselben suchen meinen Vater, welcher leider damals schon anfing kränklich zu werden, dazu zu bestimmen, mich eine höhere Schule besuchen zu lassen. Er war damit einverstanden, und ich sollte nach Absolvierung der mittleren Volksschulklasse in eine Erziehungsanstalt geschickt werden. Es war jedoch meinem Vater nicht mehr vergönnt, hierüber weiter zu entscheiden. Er starb, als ich 10 Jahre alt war, im 35. Lebensjahre. Meine Vormünder sandten mich im Einverständnis mit meiner Großmutter in dasselbe hiesige Institut, an welchem ich jetzt als Lehrer angestellt bin.

Der Schelmenhof in Gelnhausen, die zweite Wohnstätte von Philipp Reis

Georg Albrecht Dominikus Hassel (1800–1851)

Eine neue Sphäre bot sich hier meinem Eifer und Wissensdrang dar. Die beiden neuen Sprachen ”Französisch und Englisch“ fesselten mich besonders. Die für die Verhältnisse reichhaltige und wohlgewählte Institutsbibliothek gab meinem Geiste vortreffliche Nahrung. Ich lernte leicht und gerne. Mit dem 14. Jahre hatte ich die Anstalt nach ihrer damaligen Organisation absolviert. Meine Vormünder sandten mich nun nach Frankfurt a. M. in das Institut des Herrn Hassel.

An dieser Anstalt kam ich in die Sekunda. Die Freude am Sprachstudium veranlasste mich, noch die beiden fakultativ gelehrten Sprachen „Lateinisch und Italienisch“ zu erlernen, was mir umso leichter fiel, da ich bereits gute Kenntnisse im Französischen und Englischen hatte.

Der rege Eifer, mit welchem an dieser Anstalt die Naturwissenschaften und Mathematik betrieben wurden, konnte nicht ohne Einfluss auf mich bleiben. Je mehr ich von diesen Disziplinen erlernte, umso größer wurde meine Neigung für dieselben. Meine Fort-schritte waren der Art, dass meine Lehrer sich im letzten Jahre meines Schulbesuchs an meine Vormünder wandten, um dieselben zu veranlassen, mich nach Karlsruhe zum Besuche des Polytechnikums zu senden. Alle Bemühungen meiner wohlwollenden Lehrer scheiterten jedoch an dem Willen eines meiner Vormünder, welcher zugleich mein Oheim war und seit dem Tode meiner Großmutter die Hauptstimme führte. Er wollte, dass ich die Kaufmannschaft erlernte. Welche Gründe ihn hierzu bewogen, will ich jetzt, zumal er bereits tot ist, nicht erörtern, denn de mortuis nihil nisi bene. Ich schrieb ihm damals, dass ich zwar gehorsam sein und das mir bestimmte Fach erlernen, später aber jedenfalls meine Studien fortsetzen werde.

Nachdem ich im 16. Jahre in der Kirche zu Sachsenhausen (der linksmainischen Vorstadt Frankfurts) durch meinen würdigen Religionslehrer, Herrn Pfarrer Wehner, konfirmiert worden war, trat ich am 1. März 1850 in die Farbwarenhandlung des Herrn Joh. Friedr. Beyerbach in Frankfurt a. M. in die Lehre.

Das jederzeit liebreiche Entgegenkommen dieses Mannes sowie die mir immerhin gebo-tene Möglichkeit der Erweiterung meiner Kenntnisse trösteten mich über den teilweisen Zeitverlust. Durch Fleiß und Pünktlichkeit erwarb ich mir sehr bald die besondere Zufrie-denheit meines Prinzipals. Er gestattete mir, während meiner Lehrzeit Privatunterricht in Mathematik zu nehmen und die Vorträge des Herrn Professor Dr. Boettger sowie über die Mechanik an der Gewerbeschule zu besuchen.

Wegen meiner Energie und meiner chemischen Kenntnisse war mir für die letzten acht-zehn Monate meiner Lehre die Verwaltung des Magazins übertragen worden, welche seit dem Beginn des Geschäfts immer ein Commis gehabt hatte. Als ich bald ausgelernt

Philipp Reis ist ein geselliger Mann. In seinen Frankfurter Jahren kommt er um das wichtigste Volksfest der Mainstädter kaum herum, dem Wäldchestag

hatte, bot mir mein Prinzipal denselben Posten an, gegen ein Gehalt von fl. 600. So reizend nun auch dieses Anerbieten für mich war, so stand ich doch nicht an, es zurückzuweisen, um meine Zeit dem Studium zu widmen.

Herr Beyerbach, mein Prinzipal, bewog nun selbst meine Vormünder, mich bei der Ausführung meines Planes zu unterstützen. Ich trat im Oktober 1853 in das Institut des Herrn Professors Dr. Poppe ein, um mich in Mathematik, Physik und Chemie zu vervollkommnen.

Meine Kollegen an dieser Anstalt, junge Leute von 16 bis 20 Jahren, empfanden es mit mir als einen Mangel, dass Naturgeschichte, Geschichte und Geografie usw. nicht gelehrt wurden. Wir beschlossen deshalb, uns in diesen Fächern gegenseitig Vorlesungen zu halten. Dieses geschah. Ich übernahm die Geografie und gewann aus dieser ersten Veranlassung, mich als Lehrer zu versuchen, die Überzeugung, dass ich das erworbene Wissen am besten als Lehrer verwerten könne. Mein Entschluss stand fest; Herr Dr. Poppe bestärkte mich in demselben und war stets bereit, durch guten Rat mich zu leiten und mir anzuzeigen, was ich noch zu tun habe, um zu dem gewählten Berufe tüchtig zu werden.

Im Herbste des Jahres 1854 verließ ich die Anstalt und besuchte zu meiner Belehrung mit Herrn Dr. Poppe die Schweiz und die Industrie-Ausstellung in München. Den Winter von 1854 auf 1855 benutzte ich zu Privatstudien in Frankfurt a. M. Im Jahre 1855 ging ich nach Kassel, um dort meiner Militärpflicht zu genügen.

Nachdem ich im Frühjahr 1856 entlassen worden war, kehrte ich nach Frankfurt a. M. zurück, wo ich durch gründliche Repetitionen mich wieder in den sicheren Besitz des früher erworbenen Wissens zu setzen suchte. Zugleich genoss ich den Unterricht der höheren Mathematik und besuchte die Vorlesungen des Herrn Professors Dr. Boettger über Physik und Chemie, deren Themata ich mit besonderer Berücksichtigung meines Vorhabens privatim bearbeitete.

Im Spätsommer 1857 unternahm ich zu meiner Ausbildung eine Reise nach der fabrik- und gewerblichen Rheinprovinz und den Berg- und Hüttenwerken Westfalens. Von da wandte ich mich über Kassel nach Eisenach, besuchte die berühmte Wartburg und die herrlichen Täler des Thüringer Waldes, dann das, durch den Aufenthalt der Dichterfürsten berühmt gewordene Ilm-Athen, ferner das viel bekannte Leipzig und das Schätze bergende Dresden, die sächsische Schweiz, Freiberg und Meißen. Den Schluss meiner Reise bildete Berlin.

Im Herbste des Jahres 1957 ließ ich mich in das chemische Laboratorium des Herrn Dr. Löwe in Frankfurt a. M. aufnehmen, um mich mit analytischer Chemie zu beschäftigen.

Dr. Poppe, Leiter des Instituts
der Polytechnischen Vorschule

Das Institut Garnier um 1845. Hier war Philipp Reis sowohl als Schüler als auch als Lehrer tätig

Ich beabsichtigte später, nach Heidelberg zu gehen, um an der dortigen Hochschule meine wissenschaftliche Bildung zu vollenden und alsdann in Frankfurt a. M. an verschiedenen Anstalten den Unterricht in Physik und Chemie zu übernehmen, denn es waren mir in dieser Beziehung von mehreren Seiten wohlwollende Zusagen gemacht worden, so dass ich auf eine sichere Existenz hoffen durfte.

Im Frühjahr 1858 besuchte ich meinen ehemaligen Lehrer, den früheren Vorsteher der hiesigen Anstalt, Herrn Studienrat Garnier, an welchem ich jederzeit einen väterlichen Freund gefunden hatte. Als ich demselben meine Absichten und Aussichten darlegte, bot er mir eine Stelle an seinem Institute an. Teils Dankbarkeit und Anhänglichkeit, teils der rege Wunsch, mich recht bald nützlich zu machen, veranlassten mich, die mir angebotene Stelle zu akzeptieren. Im Herbst des Jahres 1858 zog ich hierher und verheiratete mich mit der Tochter meines noch lebenden früheren Vormundes.

Bis Ostern 1859 gab ich nur wenig Unterricht, benutzte aber diese Zeit, um mich auf die mir für die Folge zu übertragenden Fächer noch recht gründlich vorzubereiten, wobei ich jederzeit den freundlichen Rat des Dirigenten der Anstalt sowie meiner älteren Kollegen fleißig benutzte. Später übernahm ich die mir bestimmten Fächer. Meine freie Zeit benutzte ich stets zur Weiterbildung, besonders zum Studium pädagogischer Schriften.

Durch meinen Physikunterricht dazu veranlasst, griff ich im Jahre 1860 eine schon früher begonnene Arbeit über die Gehörwerkzeuge wieder auf und hatte bald die Freude, meine Mühen durch Erfolg belohnt zu sehen, indem es mir gelang, einen Apparat zu erfinden, durch welchen es möglich wird, die Funktionen der Gehörwerkzeuge klar und anschaulich zu machen; mit welchem man aber auch Töne aller Art durch den galvanischen Strom in beliebiger Entfernung reproduzieren kann.

Ich nannte das Instrument „Telefon".

Die mir in der Folge wegen dieser Erfindung gewordene vielseitige Anerkennung, besonders auf der Naturforscherversammlung zu Gießen, hat dazu beigetragen, meinen Eifer für das Studium immer rege zu erhalten, um mich des mir gewordenen Glückes würdig zu erweisen.

Blick ich nun zurück auf mein Leben, so darf ich wohl mit der Heiligen Schrift sagen: „Es ist Mühe und Arbeit gewesen". Ich habe aber auch dem Herrn zu danken, denn er hat mir in meinem Beruf und in meiner Familie seinen Segen gegeben und mehr Gutes an mir getan, als ich von ihm zu erbitten wusste. Der Herr hat bis hierher geholfen, er wird auch weiter helfen.

Von Philipp Reis, Friedrichsdorf (Obertaunuskreis), 29. Juni 1868

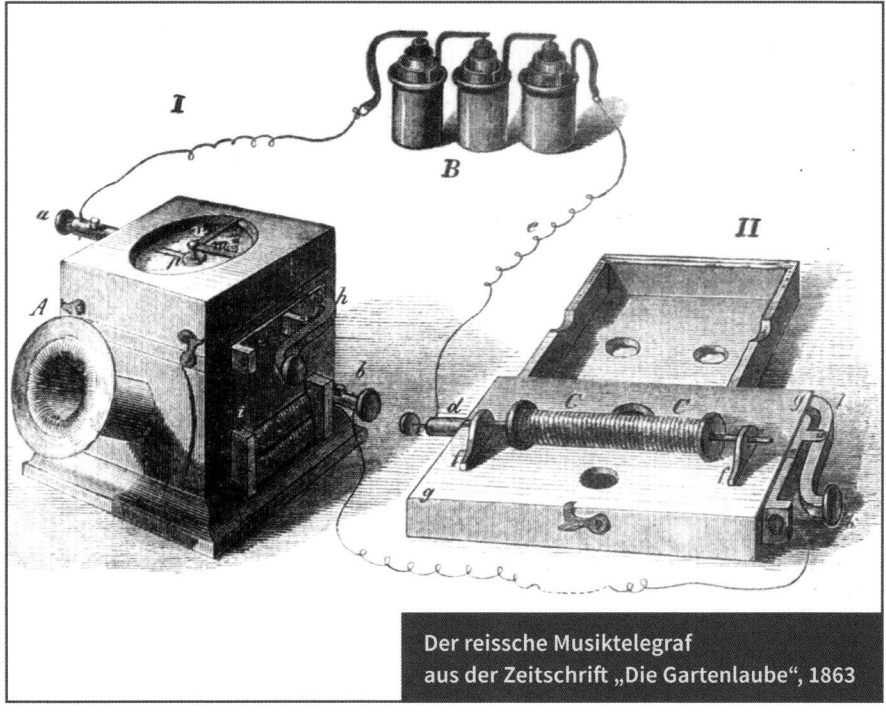

Der reissche Musiktelegraf
aus der Zeitschrift „Die Gartenlaube", 1863

Über Telefonie durch den galvanischen Strom

von Philipp Reis
Friedrichsdorf bei Frankfurt a. M., im Dezember 1861

D ie überraschenden Ergebnisse im Gebiete der Telegrafie haben wohl schon oft die Frage angeregt, ob es nicht auch möglich sei, die Tonsprache selbst direkt in die Ferne mitzuteilen. Die dahin zielenden Versuche konnten jedoch bis jetzt ein einigermaßen befriedigendes Resultat nicht liefern, weil die Schwingungen schallleitender Medien bald so sehr an Intensität abnehmen, dass sie für unsere Sinne nicht mehr wahrnehmbar sind.

An eine Reproduktion der Töne in gewissen Entfernungen durch Hilfe des galvanischen Stromes hat man vielleicht gedacht; aber an der praktischen Lösung dieses Problems haben jedenfalls grade diejenigen am meisten gezweifelt, welche durch ihre Kenntnisse und Hilfsmittel befähigt gewesen wären, die Aufgabe anzugreifen. Dem mit den Lehren der Physik nur oberflächlich Bekannten scheint die Aufgabe, wenn er dieselbe überhaupt kennt, weit weniger Schwierigkeiten zu bieten, weil er eben die meisten nicht voraussieht. So hatte auch ich vor etwa 9 Jahren (mit viel Begeisterung für das Neue und nur unzureichenden Kenntnissen in der Physik) die Kühnheit, die erwähnte Aufgabe lösen zu wollen, musste aber bald davon abstehen, weil gleich der erste Versuch mich von der Unmöglichkeit der Lösung fest überzeugte.

Später, nach weiteren Studien und manchen Erfahrungen, sah ich wohl ein, dass mein erster Versuch ein sehr roher, keineswegs überzeugender gewesen; ich griff aber die Frage in der Folge nicht wieder ernstlich auf, weil ich mich den Hindernissen des zu betretenden Weges nicht gewachsen fühlte.

Jugendeindrücke sind aber stark und daher nicht leicht zu verwischen. Ich konnte den Gedanken an jenen Erstlingsversuch und seine Veranlassung trotz aller Einsprache des Verstandes nicht loswerden, und so wurde denn, halb ohne es zu wollen, in mancher Mußestunde das Jugendprojekt wieder durchgenommen, die Schwierigkeiten und die Hilfsmittel zu deren Überwindung abgewogen und – zum Experiment vorerst noch nicht geschritten.

Wie sollte ein einziges Instrument die Gesamtwirkungen aller bei der menschlichen Sprache betätigten Organe zugleich reproduzieren? Dieses war immer die Kardinalfrage. Endlich kam ich auf den Einfall, diese Frage anders zu stellen:
Wie nimmt unser Ohr die Gesamtschwingungen aller zugleich tätigen Sprachorgane wahr? Oder allgemeiner genommen:
Wie nehmen wir die Schwingungen mehrerer zugleich tönender Körper wahr?
Um diese Frage zu beantworten, wollen wir zunächst sehen, was geschehen mus, damit wir einen einzelnen Ton wahrnehmen.

Ohne unser Ohr ist jeder Ton nichts als eine in der Sekunde mehrere Mal (mindestens 7–8) wiederholte Verdichtung und Verdünnung eines Körpers. Findet dieses in demselben Medium statt, in dem wir uns befinden, so wird die Membrane unseres Ohres bei jeder Verdichtung nach der Paukenhöhle zu gedrängt, um bei der nachfolgenden Verdünnung sich nach der entgegengesetzten Seite zu bewegen. Diese Schwingungen bedingen ein mit derselben Geschwindigkeit erfolgendes Aufheben und Niederfallen des Hammers auf den Amboss (nach anderen: Annährung und Entfernung der Gehörknöchelatome) und eine ebenso große Anzahl von Erschütterungen der Schneckenflüssigkeit, in welcher der Gehörnerv mit seinen Enden sich ausbreitet. Je größer die Verdichtung des schallleitenden Mediums in einem gegebenen Moment, desto größer die Schwingungsamplitude der Membrane und des Hammers, desto kräftiger folglich der Schlag auf den Amboss und die Erschütterung der Nerven durch Vermittelung der Flüssigkeit. –

Die Bestimmung der Gehörwerkzeuge ist es demnach, jede in dem sie umgebenden Medium entstehende Verdichtung und Verdünnung bis zu dem Gehörnerv mit Sicherheit zu übermitteln. Die Bestimmung des Gehörnervs aber, die in gegebener Zeit erfolgten Schwingungen der Materie, sowohl der Zahl als der Größe nach, zu unserem Bewusstsein zu bringen. – Hier erst wird aus gewissen Kombinationen ein bestimmter Name; hier erst werden die Schwingungen Töne oder Misstöne.

Das vom Gehörnerv Empfundene ist demnach einfach die zu unserem Bewusstsein gelangende Wirkung einer Kraft, und diese lässt sich nach Dauer und Größe durch eine Kurve grafisch darstellen:

Die Linie a b bezeichne uns eine beliebige Zeitdauer und die Kurve über der Linie Verdichtung (+), die Kurve unter der Linie Verdünnung (-), so gibt uns jede am Ende einer Abszisse errichtete Ordinate

die Verdichtungsstärke in dem durch ihren Fußpunkt bezeichneten Moment, infolge deren das Trommelfell schwingt.
Etwas mehr, als durch ähnliche Kurven Darstellbares kann unser Ohr schlechterdings nicht wahrnehmen und genügt dieses auch vollkommen, um uns jeden Ton und jede Tonverbindung zum klaren Bewusstsein zu bringen.

Wenn mehrere Töne zu gleicher Zeit erzeugt werden, so steht das schallleitende Medium unter dem Einflusse mehrerer gleichzeitiger Kräfte und es gelten folgende zwei Gesetze: Wirken die Kräfte alle in demselben Sinne, so ist die Bewegungsgröße proportional der Summe der Kräfte. Wirken die Kräfte nach entgegengesetzten Richtungen, so ist die Bewegungsgröße proportional der Differenz der entgegenwirkenden Kräfte.

Stellen wir etwa für drei Töne die Verdichtungskurve jedes einzelnen dar (Taf. I), so können wir durch Summierung der Ordinaten gleicher Abszissen neue Ordinaten bestimmen und eine neue Kurve entwickeln, welche wir Kombinationskurve nennen wollen. Diese gibt uns nun ganz genau an, was unser Ohr von den drei gleichzeitigen Tönen empfindet. Dass ein Musiker die drei Töne wieder herauskennt, dürfte uns dabei ebenso wenig wundern, als die Tatsache, dass ein mit der Farbenlehre Vertrauter aus Grün Blau und Gelb wiederfindet; die Kombinationskurven von Taf. I zeigen aber diese Schwierigkeit sehr gering, da in denselben alle Verhältnisse der Komponenten sukzessive wiederkehren. Bei Akkorden von mehr als drei Tönen (Taf. II) sind die Verhältnisse allerdings in der Zeichnung nicht mehr so leicht zu erkennen. Es fällt aber auch dem geübten Musiker schon schwer, in solchen Akkorden die Einzeltöne wieder zu bestimmen.

Taf. III zeigt uns eine Dissonanz. Warum uns Dissonanzen gerade unangenehm berühren, überlasse ich einstweilen der Anschauungsweise der geehrten Leser, um später in einem anderen Aufsatze vielleicht darauf zurückzukommen.

Aus dem Vorhergehenden folgt:
I. Jeder Ton und jede Tonverbindung erzeugt in unserem Gehör, wenn sie dasselbe trifft, Schwingungen des Trommelfells, deren Gang durch eine Kurve dargestellt werden kann.

2. Der Gang dieser Schwingungen allein bringt in uns den Begriff (die Empfindung) des Tones hervor und jede Gangänderung muss den Begriff (die Empfindung) ändern. Sobald es also möglich sein wird, irgendwo und auf irgendeine Weise Schwingungen zu erzeugen, deren Kurven denjenigen eines bestimmten Tones oder einer Tonverbindung gleich sind, so werden wir denselben Eindruck haben, den der Ton oder die Tonverbindung auf uns gemacht hätte.

Fußend auf obigen Prinzipien, ist es mir nun gelungen, einen Apparat zu konstruieren, mit welchem ich im Stande bin, Töne verschiedener Instrumente, ja bis zu einem gewissen Grade die menschliche Stimme zu reproduzieren. Derselbe ist sehr einfach und wird mit Hilfe der Fig. durch Folgendes klar erläutert werden:

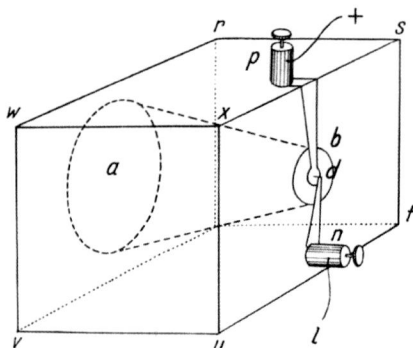

An dem Holzwürfel rstuvwx ist die konische Höhlung a durch die Membrane b (aus Schweinsdünndarm) einerseits verschlossen, auf deren Mitte ein stromleitendes Streifchen Platin festgekittet ist. Dieses steht mit der Klemme p in Verbindung. Von Klemme n führt ebenfalls ein dünnes Metallstreifchen über die Mitte der Membrane und endigt hier in ein rechtwinklig zu seiner Längenachse und Breitseite stehendes Platindrähtchen. Von Klemme p führt ein Leiter durch die Batterie nach einer entfernten Station, endigt dort in einer Spirale von mit Seide umsponnenem Kupferdraht, die ihrerseits in den zur Klemme a führenden Rückleiter mündet.

Die Spirale der entfernten Station ist circa 6" lang, trägt 6 Lagen dünnen Draht und nimmt in ihre Mitte einen Strickdraht als Kern auf, der auf beiden Seiten circa 2" vorsteht. Mit den vorstehenden Enden des Drahtes ruht die Spirale auf zwei Stegen eines Resonanzbodens. (Dieser ganze Teil kann natürlich durch jeden Apparat ersetzt werden, mittelst dessen man das bekannte „Tönen durch Galvanismus" hervorbringt).

Werden nun Töne oder Tonverbindungen in der Nähe des Würfels so hervorgebracht, dass noch hinreichend starke Wellen in die Öffnung a treten, so bringen dieselben die Membrane b in Schwingungen. Bei der ersten Verdichtung wird das hammerförmige Drähtchen d zurückgedrängt; bei der Verdünnung kann dasselbe der zurückschwingenden Membrane nicht folgen und der durch die Streifchen gehende Strom bleibt so lange unterbrochen, bis die Membrane, durch eine neue Verdichtung getrieben, das Streifchen (von p) wieder an d drängt. In dieser Weise bringt jede Schallwelle ein Öffnen und ein Schließen des Stromes hervor.

Bei jedem Schließen der Kette werden aber in dem Eisendrahte der entfernten Spirale die Atome voneinander entfernt (Pouillet Müller S. 304 des 2. B. der 5. Aufl.). Beim Unterbrechen des Stromes suchen dieselben ihre Gleichgewichtslage wieder zu erreichen. Ist dies geschehen, so machen sie infolge der Wechselwirkung von Elastizität und Trägheit eine Anzahl Schwingungen und geben den Longitudinalton des Stabes. (Siehe wie oben). So verhält es sich, wenn die Unterbrechungen und Schließungen des Stromes verhältnismäßig langsam vorgenommen werden. Erfolgen dieselben aber schneller aufeinander als die durch die Elastizität bedingten Oszillationen des Eisenkernes, so können die Atome ihre Bahnen nicht vollständig durchlaufen. Die zurückgelegten Wege werden umso kürzer, je rascher die Unterbrechungen folgen, dafür aber eben so häufig als diese. Der Eisenstab gibt nicht mehr seinen Longitudinalton, sondern einen Ton, dessen Höhe oder Tiefe der Unterbrechungsanzahl (in gegebener Zeit) entspricht. – Das will aber nichts anderes sagen, als: der Stab reproduziert den Ton, der dem Unterbrechungsapparat zugeführt wurde. – Auch die Stärke dieses Tones steht im Verhältnis zum Originalton, denn, je stärker dieser, desto größer die Bewegungen des Trommelfells, desto größer die Bewegung des Hämmerchens, desto größer endlich die Zeitdauer, während welcher die Kette geöffnet bleibt und folglich desto größer, bis zu einer gewissen Grenze, die Bewegung der Atome in dem Reproduktionsdraht, welche wir als größere Schwingungen empfinden, ganz so, wie wir die Originalwelle empfunden haben würden.

Da die Länge des Leitungsdrahtes hierbei jedenfalls ebenso weit ausgedehnt werden darf, wie bei direkter Telegrafie, so gebe ich meinem Instrumente den Namen »Telefon«. Was nun die Leistungen des Telefons anbelangt, so sei bemerkt, dass ich damit im Stande war, den Mitgliedern einer zahlreichen Versammlung (des Physikalischen Vereins zu Frankfurt a. M.) Melodien hörbar zu machen, welche in einem anderen Hause (circa 300' entfernt) bei geschlossenen Thüren (nicht sehr laut) in den Apparat gesungen wurden. Andere Versuche ergaben, dass der tönende Stab im Stande ist, vollständige Dreiklänge eines Klaviers, auf dem das Telefon steht, zu reproduzieren, und dass endlich derselbe ebenso gut die Töne anderer Instrumente: Harmonika, Klarinette, Horn, Orgelpfeife usw. wiedergibt, vorausgesetzt, dass die Töne einer gewissen Lage von F-f circa angehören.

Dass bei allen Versuchen hinreichend kontrolliert wurde, ob direkte Schallleitung nicht mit im Spiel, versteht sich von selbst. Es geschieht diese Kontrolle sehr einfach durch zeitweise Herstellung einer guten Nebenschließung unmittelbar vor der Spirale, wodurch natürlich die Wirksamkeit derselben momentan aufhört.

Es war bis jetzt nicht möglich, die Tonsprache des Menschen mit einer für jeden hinreichenden Deutlichkeit wiederzugeben. – Die Konsonanten werden größtenteils ziemlich deutlich reproduziert, aber die Vokale noch nicht in gleichem Grade. Woran dieses liegt, will ich versuchen zu erklären.

Nach Versuchen von Willis, Helmholtz und anderen können Vokaltöne künstlich hervorgebracht werden, indem man die Schwingungen eines Körpers zeitweise durch die eines anderen verstärken lässt, etwa nach folgendem Schema:

Eine elastische Feder wird durch den Stoß eines Radzahnes in Schwingungen versetzt: die erste Schwingung ist die größte, jede andere immer kleiner als die ihr vorhergehende (Fig.).

Kommt nach einigen Schwingungen dieser Art (ohne dass die Feder vorher zur Ruhe kommt) ein neuer Zahnstoß, so wird die nächstfolgende Schwingung wieder eine größte sein und so fort.

Die Höhe oder Tiefe des auf diese Weise erzeugten Tones hängt von der Anzahl der in einer gegebenen Zeit gemachten Schwingungen ab; der Charakter des Tones aber von der Anzahl der Anschwellungen (Zahnstöße) in derselben Zeit. – Zwei Vokale würden sich bei gleicher Tonhöhe etwa auf die durch die Kurven (Fig. 1, 2) angedeutete Weise unterscheiden, während derselbe Ton ohne Vokalcharakter durch die Kurve (Fig. 3) dargestellt würde. –

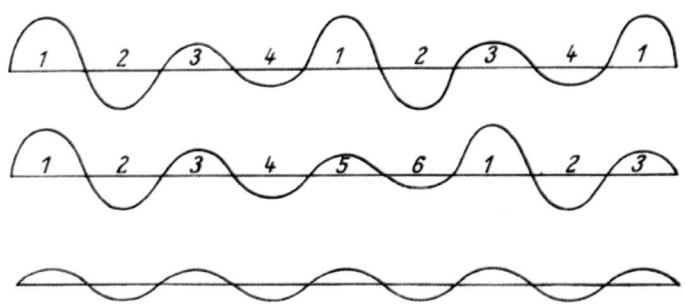

Unsere Sprachorgane erzeugen die Vokale wahrscheinlich in derselben Weise durch kombinierte Wirkung der oberen und der unteren Stimmbänder oder dieser Letzteren und der Mundhöhle.

Mein Apparat gibt nun wohl die Anzahl der Schwingungen, aber mit weit geringerer Stärke als die der ursprünglichen; wenn auch, wie ich Ursache habe anzunehmen, immer noch bis zu einem gewissen Grade proportional unter sich. Jedenfalls ist aber bei den durchweg kleineren Schwingungen die Differenz zwischen großen und kleinen viel schwerer zu erkennen als bei den Originalwellen, und der Vokal daher mehr oder weniger unbestimmt.

Ob meine Ansichten in Betreff der den Tonverbindungen entsprechenden Kurven richtig sind, dürfte vielleicht mit Hilfe des neuen von Duhamel angegebenen Phonautografen (Vierordt Physiol. S. 254) entschieden werden.

Zur praktischen Verwertung des Telefons dürfte vielleicht noch sehr viel zu tun übrig bleiben. Für die Physik hat es aber wohl schon dadurch hinreichend Interesse, dass es ein neues Arbeitsfeld eröffnet.

Jahresbericht des Physikalischen Vereins zu Frankfurt am Main
für das Rechnungsjahr 1860–1861, S. 57–64

Philipp Reis, der Erfinder des Telefons

von Silvanus Thompson

DIE APPARATE DES ERFINDERS

Beschreibt man die Apparate des Erfinders und ihre verschiedenen Formen in der Reihenfolge ihres Erscheinens, so lässt sich grundsätzlich eine Unterscheidung in zwei Gruppen vornehmen: die Tongeber und die Tonempfänger.

DIE TONGEBER

Soweit bekannt ist, konstruierte Reis Tongeber in zehn bis zwölf Ausführungen. Nicht mehr alle Geräte, sondern nur die Hauptformen dieser Entwicklungsreihe sind heute noch erhalten; sie sollen nun in ihrer zeitlichen Aufeinanderfolge beschrieben werden. Eigentlich war das letzte Gerät genauso unvollkommen wie das erste, aber alle Apparate gründen sich auf dieselbe grundsätzliche Idee. Sie unterscheiden sich nur durch die mehr oder weniger große Perfektion bei der mechanischen Durchführung des einfachen Prinzips, die Wirkungsweise des menschlichen Ohres nachzuahmen.

Dieses System sollte dazu verwandt werden, einen elektrischen Strom dadurch zu beeinflussen oder zu steuern, dass man die Festigkeit eines Kontaktes an einer lockeren Verbindungsstelle änderte.

Erste Ausführung: Das künstliche Ohr

Verständlicherweise begann der Erfinder des Telefons mit unzureichenden und primitiven Apparaten. Die erste Form des heute noch vorhandenen Gebers war ein grobes, aus Eichenholz geschnitztes Modell des menschlichen Ohrs, nicht größer als das natürliche Vorbild (s. Abb. 2, 3, 4, 5).

Das Ende der Öffnung a (Abb.5) wurde mit einer dünnen Membran b, vergleichbar mit dem menschlichen Trommelfell, verschlossen. In ihrer Mitte ruhte das untere Ende eines kleinen, gebogenen Hebels cd aus Platindraht, der den Hammer des menschlichen Ohres darstellte. Dieser gebogene Hebel war mit Siegellack an die Membrane gekittet, so dass er all ihren Bewegungen folgte. Er drehte sich um eine Achse, an die er in der Nähe seines Mittelpunktes gelötet war.

Diese führte auf beiden Seiten durch Öffnungen in einen gebogenen Weißblechstreifen, der an der Rückseite des hölzernen Ohres angeschraubt war. Das obere Ende des gebogenen Hebels stand in losem Kontakt mit dem oberen Ende g, einer ein Zoll langen, senkrecht angebrachten, ebenfalls aus Weißblech bestehenden Feder, die ihrerseits an

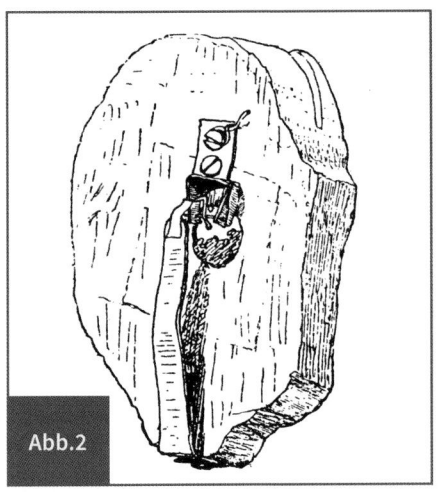

Abb.2

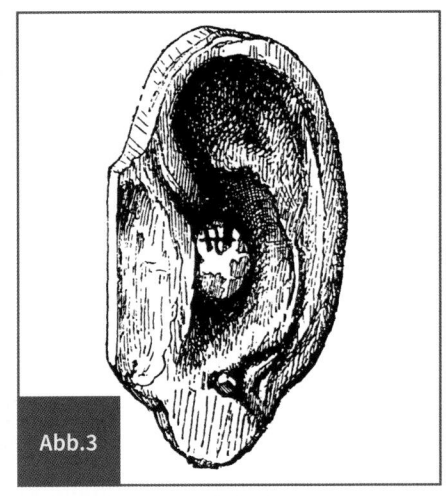

Abb.3

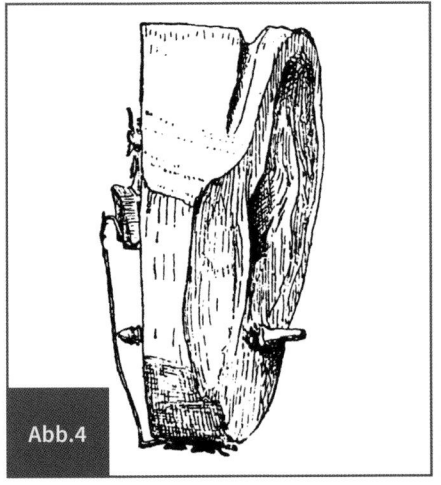

Abb.4

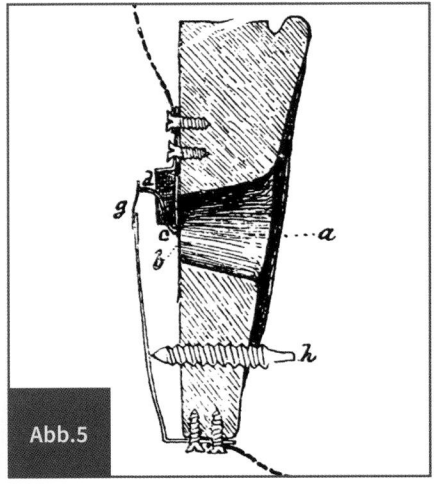

Abb.5

ihrem oberen Ende eine dünne, elastische Platinfolie trug. Eine Stellschraube „h" diente dazu, die Festigkeit des Kontaktes zwischen der senkrechten Feder und dem Hebel zu regulieren. Die Leitungsdrähte für den elektrischen Strom waren mit den Schrauben verbunden, die die beiden Weißblechstreifen an dem Ohr befestigten.

Um sicherzustellen, dass der Strom von der oberen Zuführungsstelle aus Weißblech auch den Hebel erreichte, war ein anderer Streifen aus Platin auf dem ersteren aufgelötet; er drückte sanft gegen das Ende der Drahtachse (s. Abb. 6). Wenn nun Worte und Töne irgendwelcher Art vor dem Ohr erzeugt wurden, geriet – genauso wie beim menschlichen Ohr – die Membran in Schwingungen. Der kleine, gebogene Hebel nahm diese Bewegungen – wie der Hammer des menschlichen Ohres – auf und übertrug sie auf alles mit ihm in Verbindung Stehende. Die Folge war, dass der Kontakt am oberen Ende des Hebels verändert wurde. Mit jeder Verdünnung der Luft bewegte sich die Membran nach vorn, das obere Ende des Hebels drückte fester gegen die Feder und verbesserte dadurch den Kontakt: der nun fließende Strom war stärker.

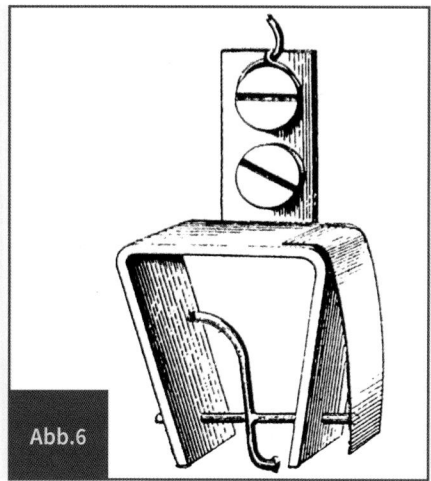

Abb.6

Bei jeder Verdichtung der Luft bewegte sich die Membran zurück, das obere Ende des Hebels entsprechend vorwärts, so dass er nun weniger fest gegen die Feder drückte und den zuvor bestehenden Kontakt lockerte. Dieses „teilweise" Unterbrechen des Stromflusses verursachte die Schwächung des Stromes. Die in das Ohr dringenden Schallwellen mussten auf diese Weise dem Strom, der durch die Stelle des veränderlichen Kontaktes floss, Schwingungen aufprägen. Es wird sich noch zeigen, dass dieses Prinzip, bei dem die Stimme die Stärke eines elektrischen Stromes durch einen losen oder unvollständigen Kontakt beeinflusst, in allen reisschen Gebern auftritt. Später wurden solche Einrichtungen, die zur Änderung der Stärke eines elektrischen Stromes dienten, als Stromregler bezeichnet. Es ist wert, den Mechanismus zu beschreiben, den Reis als Verbindung eines Trommelfells mit einem Stromregler erdachte. Das wesentliche Prinzip bestand darin, einen losen oder unvollkommenen Kontakt zwischen zwei Teilen eines leitenden Systems so anzubringen, dass die Schwingungen des Trommelfells die Festigkeit des Kontakts und in entsprechender Weise den Stromfluss variierten. Herr Horkheimer, ein ehemaliger Schüler von Reis, teilte mir mit, dass ein noch viel größeres Modell des Ohres von Reis gebaut worden sei. Von diesem ist jedoch nichts mehr bekannt.

Zweite Ausführung: Die Zinnröhre

Die zweite Form, eine von Reis selbst hergestellte Röhre, kann man heute noch in der physikalischen Sammlung des garnierschen Instituts in Friedrichsdorf sehen (vgl. Abb. 7). Sie besteht aus einem Hörrohr a mit einem Mundstück, das die „pinna" oder Ohrmuschel darstellt. Dieser zweite Apparat zeigt große Ähnlichkeit mit der Anatomie des Ohres; eine „pinna" oder Muschel, einen Gehörgang und ein Trommelfell (a, b, c).

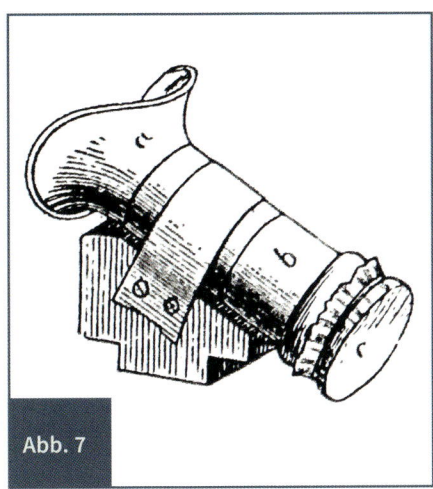

Abb. 7

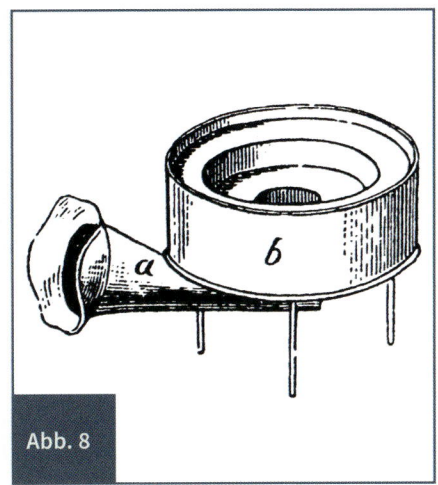

Abb. 8

Wie bei der ersten Form ist mit etwas Siegellack ein kleiner Platinstreifen auf die Blase c geklebt, um den überaus wichtigen, den Strom regulierenden losen Kontakt herzustellen.

Dritte Ausführung: Die Kragenschachtel

Die dritte Form, ebenfalls in der Sammlung des garnierschen Instituts erhalten, ist in Abbildung 8 wiedergegeben. Sie ist, wie die vorigen Abbildungen, mit freundlicher Genehmigung der Veröffentlichung des verstorbenen Professors Schenk entnommen. Ihre Hauptteile sind eine runde Zinnbüchse, deren oberer Teil wie der Deckel einer Kragenschachtel genau auf den unteren passt. Ehemals war über der Zylinderwand b, mit dem Durchmesser 15 cm, eine Membran gespannt: im Innern war noch ein besonderer Metallflansch vorgesehen. An eine runde, etwas tiefer gelegene kreisförmige Öffnung schloss sich das Hörrohr a mit einem Mundstück an, das wiederum die „pinna" darstellte. Die genaue Anordnung der Kontaktteile dieses Apparates ist unbekannt. Herr Horkheimer, der Reis bei seinen ersten Experimenten half, kennt diese Ausführung nicht, glaubt aber, dass sie später als Juni 1862 entstanden ist. Dies ist nicht unwahrscheinlich, weil dieses Modell mit waagerecht befestigter Membran der zehnten Form, dem „Würfel", näherkommt.

Vierte Ausführung: Der ausgebohrte Holzblock

Als Nächstes wird das von Reis in seinem Aufsatz „Die Telefonie" beschriebene Instrument (Jahresbericht des Physikalischen Vereins zu Frankfurt am Main 1860/61) erläutert. Der Erfinder beschreibt dieses Telefon wie folgt: „An dem Holzwürfel rstuvwx (Abb. 9) ist die konische Höhlung a durch die Membrane b (aus Schweinsdünndarm) einerseits verschlossen, auf deren Mitte ein stromleitendes Streifchen Platin festgekittet ist; dieses steht mit der Klemme p in Verbindung. Von der Klemme n führt ebenfalls ein dünnes Metallstreifchen über die Mitte der Membrane und endigt hier in ein rechtwinklig zu seiner Längsachse und Breitseite stehendes Platindrähtchen. Von Klemme p führt ein Leiter durch die Batterie nach einer entfernten Station."

Reis überlässt später den von ihm benutzten Apparat Prof. Boettger, der ihn bald an Hofrat Dr. Th. Stein aus Frankfurt a. M. weitergab. Aus dessen Händen gelangte er in meinen Besitz. Dieses Gerät hat eine Besonderheit, die in der Originalskizze nicht dar-

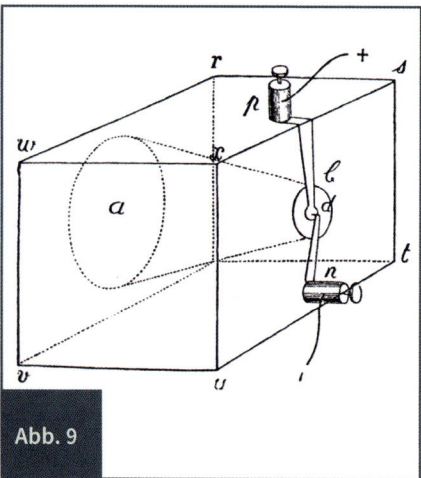

Abb. 9

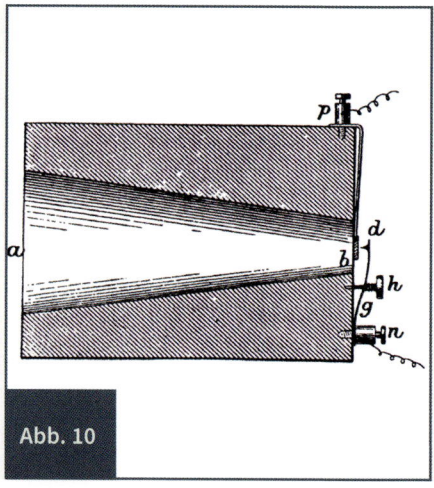

Abb. 10

gestellt ist: eine Stellschraube h, die – soweit der Verfasser weiß – von Reis selbst dort angebracht worden war. Daran besteht kein Zweifel, da an dem ersten Modell von Reis, dem hölzernen Ohr, auch eine solche Stellschraube angebracht war. Ein Längsschnitt dieses Modells ist in Abbildung 10 wiedergegeben.

Fünfte Ausführung: Der Hohlwürfel

Eine bloße Abart der vorhergehenden Form beschreibt Prof. Boettger in seinem „Poly-technischen Notizblatt", Jahrgang 1863: „Ein kleines leichtes Kästchen, eine Art hohler Holzwürfel, hat eine größere Öffnung an der Vorderseite, eine kleinere an der gegen-überliegenden Rückseite. Letztere ist mit einer sehr feinen Membran (aus Schweins-dünndarm) geschlossen und dieselbe straff gespannt. Ein schmaler federnder Streifen von Platinblech, außen auf dem Holze befestigt, berührt die Membran in ihrer Mitte, ein zweiter Platinstreifen ist an einer anderen Stelle mit seinem einen Ende auf das Holz befestigt und trägt an dem anderen Ende einen feinen horizontalen Stift, der jenes Platinstreifchen, wo es auf der Membran aufliegt, berührt."

Sechste Ausführung: Der hölzerne Kegel

Ein anderer Geber, ebenfalls nur eine Variante der vierten Form, beschrieb mir Herr Peter aus Friedrichsdorf, der Reis bei seinen anfänglichen Versuchen half. Abbildung 11 konnte nach einer groben Skizze angefertigt werden, die mir Carl Reis freundlicherweise überließ. Herr Peter berichtet von diesem Apparat, dass Reis ihn auf seiner Drehbank selbst hergestellt habe. Das konische Loch ist das gleiche wie in Abbildung 9, nur wurde hier rundherum das Holz abgedreht, so dass ein konisches Mundstück entstand.

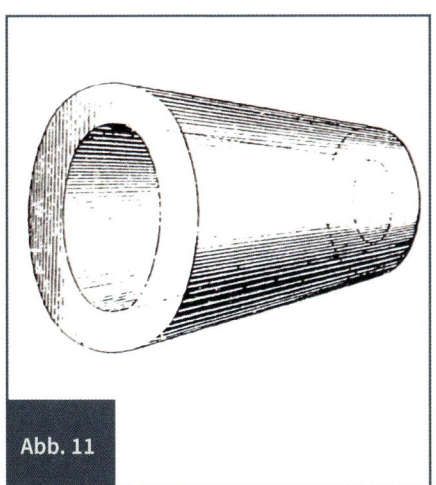

Abb. 11

Abb. 12

Siebente Ausführung: Die „Hochstift"-Form

Die in Abbildung 12 dargestellte Radierung ist von J. D. Cooper getreu nach einer Fotografie gestochen worden, die mir von Ernst Horkheimer aus Manchester, einem früheren Schüler von Reis, zur Verfügung gestellt worden war. Dieses 1862 aufgenommene Bild sandte Reis im Juni des gleichen Jahres an Horkheimer, der sich zu jener Zeit in England aufhielt. Reis hatte sich selbst aufgenommen, indem er mit einer leichten Fußbewegung einen von ihm selbst erfundenen pneumatischen Fernauslöser betätigte, der eigentlich zum Umblättern von Notentexten am Klavier vorgesehen war. Reis ist auf dieser Darstellung mit dem Telefon in der Hand zu sehen, das ihm einige Tage zuvor (am 11. Mai 1862) so großen Erfolg bei seiner Vorlesung im Freien Deutschen Hochstift in Frankfurt a. M. gebracht hatte.

Dieser Apparat wurde von Reis unter Assistenz des jungen Horkheimer gebaut. Sehr entgegenkommend hat Herr Horkheimer aus dem Gedächtnis eine Skizze des abgebildeten Instruments angefertigt, da dieses nur undeutlich auf der Fotografie, die als Grundlage für Abbildung 13 diente, zu erkennen ist.

Der Kegel bestand aus Holz; ferner, so sagt Horkheimer, stelle die quadratische Fläche im Hintergrund eine Schachtel mit einem Elektromagneten dar.

Achte Ausführung: Die Hebelform

Der Tongeber, den Inspektor von Legat so genau in seinem Bericht über Reis' Telefon aus dem Jahre 1862 beschrieben hat, unterscheidet sich so sehr von den ersten und letzten Ausführungen, dass manche daran gezweifelt haben, ob er wirklich von Reis selbst erfunden worden ist. Er wird auch an keiner anderen Stelle beschrieben, son-

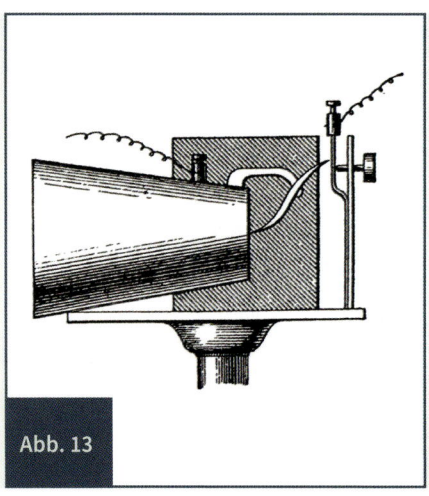

Abb. 13

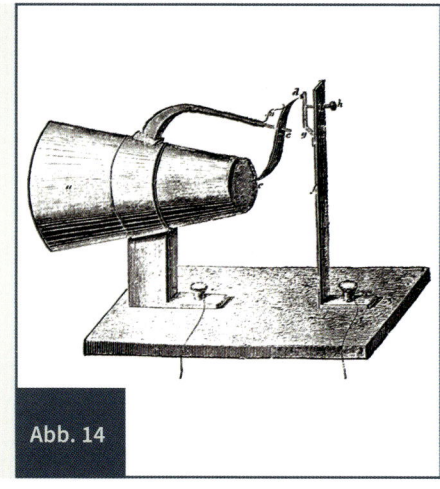

Abb. 14

dern nur in Legats Bericht in der Zeitschrift der Deutsch-Österreichischen Telegraphen Gesellschaft, Jahrgang 1862, der in Dinglers Journal übernommen wurde, sowie in Kuhns „Handbuch der angewandten Elektrizitätslehre".

Dennoch wird ein Vergleich dieses Instrumentes mit dem ursprünglichen Modell des Ohres zeigen, dass es keinen neuen Gesichtspunkt enthält:

Auch hier dient ein konisches Rohr zum Empfang des Schalls, das am Ende mit einer Membran als „Trommelfell" verschlossen ist. Es hat einen gebogenen Hebel cd (Abb.5), dessen unteres Ende das Zentrum der Membran berührt, ferner eine senkrecht angelötete Feder g, die den Kontakt durch Berührung mit dem oberen Ende des Hebels herstellt. Schließlich hat es eine Stellschraube h. Weiterhin sei noch betont, dass der Strom, wenn er in das Gerät eintritt (oder es verlässt), dies immer in der Mitte des Hebels geschieht. Diese Art des Gebers ist in der Tat mit dem primitiven „Ohr" so nahe verwandt, dass er ihm in allen Einzelheiten, abgesehen von der äußeren Form des schallsammelnden Trichters, entspricht. Der einzig berechtigte Zweifel ist nicht, ob er, wie Legat behauptet, von Reis stammt, sondern, ob er nicht in der chronologischen Reihenfolge an zweiter Stelle stehen sollte. Legats Aufsatz erschien allerdings erst 1862, während Reis die vierte Ausführung schon 1861 beschrieb. Bisher konnte, außer neueren Reproduktionen nach Legats Zeichnung, keine Spur von einem Instrument, das dem in Abbildung 14 entspricht, gefunden werden.

Das Instrument, das Reis auf der Fotografie in der Hand hält, hat eine derart auffallende Ähnlichkeit mit dem von Legat beschriebenen, dass es als weiterer Beweis für Legats Behauptung dienen kann, es handle sich um eine Erfindung von Reis.

Neunte Ausführung: Die Übergangsform

Unsere Kenntnis von dieser Form stützt sich ausschließlich auf Auskünfte und Skizzen, die uns Herr Horkheimer gab, der Reis beim Bau dieses Modells geholfen hat. Die Abbildungen 15 und 16 wurden nach Skizzen Horkheimers gestochen. Das konische Mundstück bestand aus Holz, die Kontaktteile aus Platin. Die Platinspitze c war an einem federnden Messingstreifen g befestigt, der quer über dem hölzernen Gehäuse angebracht war. Die Stellschraube h diente dazu, die Stärke des Anfangsdruckes an der Kontaktspitze einzustellen, die den Strom reguliert.

Zehnte Ausführung: Die Würfelform

Die letzte Form des reisschen Tongebers wurde am meisten bekannt; sie war die einzige (außer der in Abbildung 9), die zum Verkauf gelangte. Hier sei sie zur Unterscheidung als die „Würfelform" bezeichnet. Sie bestand aus einem würfelförmigen hölzernen Kasten, mit aufklappbarem Deckel. Abbildung 17 ist nach dem reisschen Prospekt wiedergege-

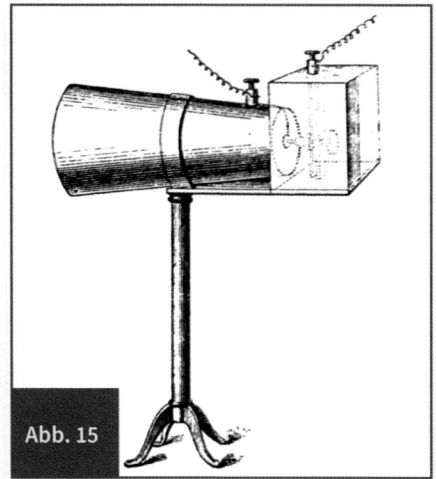

Abb. 15

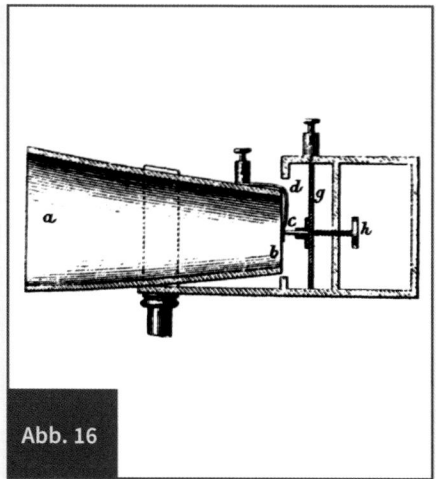

Abb. 16

ben, während Abbildung 18 Prof. Schenks kurzer biografischer Schrift entnommen ist. Auch bei diesem Instrument gelangt das Prinzip des menschlichen Ohres zur Durchführung. Der Zinntrichter mit seinem sich nach außen erweiternden Mundstück stellt noch „Ohrmuschel" und „Gehörgang" dar.

Das „Trommelfell", nun nicht mehr am Ende der Röhre, ist über eine runde Öffnung im Deckel gespannt. Auf ihm liegt der Streifen aus Platinfolie, der als Elektrode dient: auf diesem ruht in losem Kontakt ein kleines, rechtwinklig gebogenes Metallstück, das Reis das „Hämmerchen" nannte. Darüber befand sich eine kreisrunde Glasscheibe (ein Schutz gegen Staub), die bei Benutzung des Gerätes abgenommen wurde. Dieses Modell erwies sich als so empfindlich, dass man es für überflüssig hielt, unmittelbar in das Mundstück zu sprechen. Der Vortragende sprach oder sang so, dass sich sein Mund in geringer Entfernung oberhalb des Instrumentes befand. Diese Methode hatte den Vorteil, dass die Membran nicht so bald durch die Feuchtigkeit des Atems entspannt wurde.

Die Abbildungen zeigen auch die Hilfsinstrumente, die an der Seite angebracht waren; zu ihnen gehörte eine Taste, mit der man den Stromkreis unterbrechen konnte. Anfangs diente sie dazu, den Experimentatoren zu ermöglichen, die sogenannten „galvanischen Töne" von den wiederzugebenden abzusondern. Später wurde sie so angewandt, wie Reis es in seinem Prospekt erklärt. Ferner gehörte zu den Hilfsinstrumenten ein Elektromagnet, der als Rufer diente, durch den der Zuhörer am anderen Ende der Leitung dem Geber Zeichen geben konnte.

Diese so oft in Physikbüchern beschriebene Instrumentenform wurde für den Verkauf zuerst von Albert in Frankfurt a. M. hergestellt, später auch von Ladd in London, Koenig in Paris und Hauck in Wien. Weitere Einzelheiten über dieses Gerät sind diesem Buch,

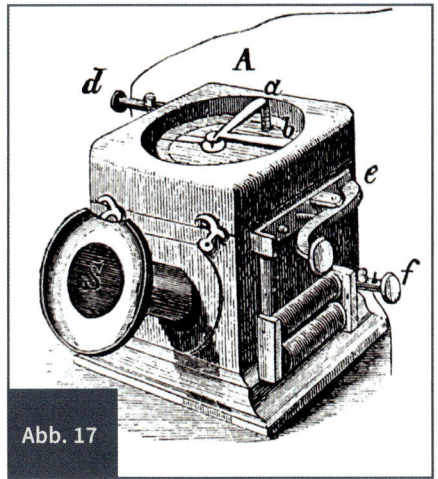

Abb. 17

Abb. 18

Reis' Prospekt und anderen zeitgenössischen Darstellungen zu entnehmen. Obwohl diese Form allgemein als das „reissche Telefon" bezeichnet wird, geht aus einer Betrachtung der Entwicklungsstufen klar hervor, dass Reis' Erfindung keineswegs auf ein bestimmtes Modell beschränkt war; denn bei allen Modellen findet sich ein allumfassendes Prinzip: den elektrischen Strom durch die menschliche Stimme zu regeln, indem man sie auf einen unvollkommenen Kontakt einwirken lässt. Durch Vermittlung des „Trommel-fells" öffnet oder schließt sich der Stromkreis mehr oder weniger und reguliert somit den Stromfluss.

DIE EMPFÄNGER
Erste Ausführung: Der Geigen-Empfänger

Der erste Apparat, den Reis dazu verwandte, die Ströme vom Geber zu empfangen, um das Gesprochene oder Gesungene hörbar zu machen, bestand aus einer Stricknadel, die durch eine Spule aus seideumsponnenem Kupferdraht gesteckt wurde. Dieser Draht wurde, wie Reis in seinem Vortrag „Über die Telefonie" darlegte, durch einander folgende Stromstöße in veränderlichem Maße magnetisiert. Durch schnell aufeinander folgende Magnetisierung und Entmagnetisierung brachte er Töne hervor, die von Frequenz, Stärke u. a. des gerade fließenden Stromes abhängig waren. Bald stellte man fest, dass die erzeugten Töne durch Zuhilfenahme einer Schalldose oder eines Resonanzkastens verstärkt werden mussten. Dies wurde zuerst dadurch erreicht, dass die Nadel auf dem Klangkörper einer Geige angebracht wurde. Beim ersten Ausprobieren wurde sie lose in eines der S-förmigen Löcher der Geige gesteckt (s. Abb. 19). Später wurde die Nadel mit ihrem unteren Ende an dem Steg der Geige befestigt. Diese Einzelheiten

Abb. 19

überlieferte uns Herr Peter, Musiklehrer am garnierschen Institut in Friedrichsdorf, dem die Geige gehörte. Er stellte zu diesem Zweck eine weniger wertvolle Geige als die von ihm in seinem Beruf verwandte zur Verfügung. Reis, der selbst kein Musiker war und so wenig Musikalität besaß, dass er kaum zwei Musikstücke voneinander unterscheiden konnte, behielt diese Geige als Schallkasten. Sie ist inzwischen in den Besitz des garnierschen Instituts übergegangen. Einen Empfänger dieser Ausführung zeigte Reis 1861 dem Physikalischen Verein zu Frankfurt.

Zweite Ausführung:
Der Zigarrenkistenempfänger

Später ersetzte eine flache, rechteckige Holzkiste die Geige; die Spule wurde nun waagerecht angebracht (s. Abb. 20). Das Datum dieser Änderung fällt entweder auf das Ende des Jahres 1861 oder den Beginn des Frühlings 1862. Eine Zigarrenkiste war der eigentliche Schallkörper. Die Nadel befand sich innerhalb der Spule. Sie ruhte mit ihren Enden auf zwei hölzernen Brücken; eine Berührung mit der Spule fand daher nicht statt.

Dritte Ausführung:
Der elektromagnetische Empfänger

Obgleich die genaue Entstehungsgeschichte dieses Empfängers nur lückenhaft bekannt ist, kann kaum bezweifelt werden, dass Reis ihn schon bei seinen frühesten Untersuchungen erdachte. Da damals so viele elektrische und telegrafische Instrumente verbreitet waren, bei denen ein Elektromagnet dazu benutzt wurde, etwas hin- und

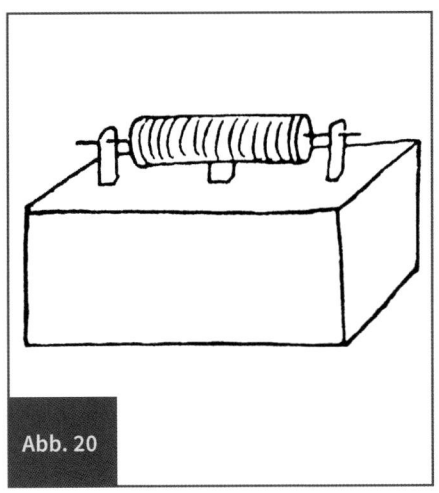

herzubewegen, ist es nicht überraschend, dass Reis sich einer solchen Methode bei der Wiedergabe von Sprachschwingungen bedient hat. Über die beiden Teile seiner Erfindung, den Geber und den Empfänger, sagt Reis selbst: „Der von mir konstruierte Apparat, „Telefon" genannt, bietet die Möglichkeit, die Tonschwingungen in jeder gewünschten Weise zu erzeugen; der Elektromagnetismus bietet die Möglichkeit, den erzeugten Schwingungen gleiche Schwingungen in jeder beliebigen Entfernung ins Leben zu rufen und in dieser Weise die an einem Ort erzeugten Töne an einem anderen Ort wiederzugeben."

Eine Äußerung, die dieser annähernd entspricht, machte Inspektor von Legat in seinem Bericht über Reis' Telefon. Hier sei gesagt, dass die Gestalt des Empfängers nur aus der Zeichnung und Beschreibung in diesem Bericht bekannt ist, ferner durch den in Kuhns „Handbuch" übernommenen Auszug.

Reis scheint diese Form bald wieder aufgegeben zu haben und zu der mit einer Spule umgebenen Nadel zurückgekehrt zu sein, weil er sie dem Elektromagneten vorzog. Die elektromagnetische Form ist jedoch höchst bedeutsam, da dieses Prinzip eine fertige und vollkommene Vorwegnahme der späteren Empfänger von Yeats, Gray und Bell ist. Diese Männer benutzten ebenso wie Reis einen Elektromagneten als Empfänger, um einen elastischen Anker vor- und zurückzuziehen und ihn so in Schwingungen zu versetzen, dass diese den vom Geber übermittelten Schwingungen entsprachen. Abbildung 21 zeigt den Aufbau des Magneten und des schwingenden Ankers auf einem Resonanzboden. Dieser Apparat war um ein gutes Stück größer als die meisten anderen Apparate von Reis. Der Resonanzboden war fast 30 cm, die Spulen des Magneten etwa 15 cm lang und 2 bis 3 cm dick. Der Anker, ein Eisenstab von elliptischem Querschnitt, war wie

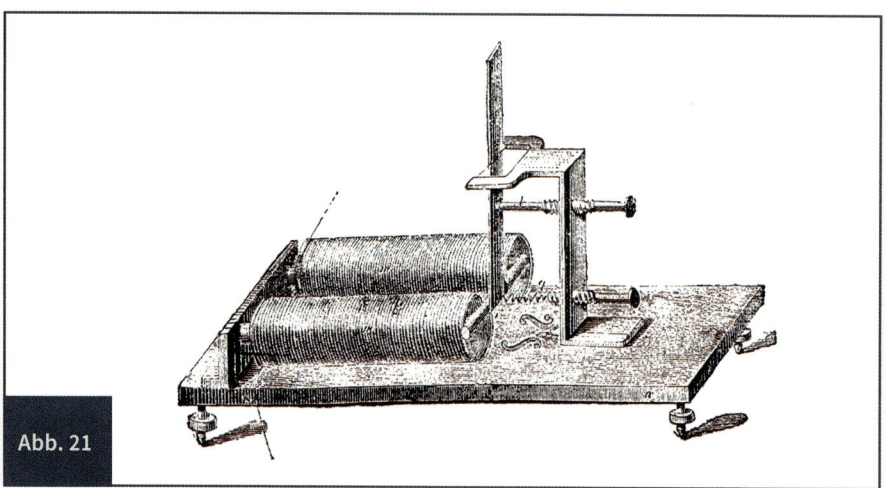

der Querbalken eines Kreuzes an dem einen Ende eines „leichten und breiten", frei beweglichen vertikalen Hebels angebracht, der etwa 18 cm lang war. Vermutlich bestand er aus Holz, da er in der Beschreibung von Legat als „Balken" bezeichnet wird.

Vierte Ausführung: Der Stricknadel-Empfänger

Die von Reis schließlich beibehaltene Form für seinen Wiedergabeapparat ist allgemein als der „Stricknadelempfänger" bekannt. Er unterscheidet sich von der ersten Form lediglich dadurch, dass die Nadel mit der sie umgebenden Spule nicht mehr senkrecht in einer Geige steckt, sondern waagerecht auf einem rechteckigen Schallkasten aus dünnem Fichtenholz liegt. Die Wicklung aus seideumsponnenem Kupferdraht ist auf eine hölzerne Spule gelegt, im Gegensatz zur ersten Ausführung, bei der er unmittelbar auf der Nadel lag. Die hölzernen Brücken, durch die die überstehenden Nadelenden gehen, stehen auf dem Schallkasten, während ein aufklappbarer Deckel zusätzlich als Resonanzkasten, im Vergleich zur ersten Form, hinzukommt (s. Abb. 22 und 23.). Die erste Abbildung stammt aus Reis' eigenem Prospekt, die andere ist dem Lehrbuch der Physik von Müller-Pouillet entnommen.

Herr Albert, ein Frankfurter Mechaniker, der Reis-Telefone herstellte und verkaufte, sagt, der obere Teil sei auf seinen Vorschlag hin angebracht worden. Ursprünglich war der Deckel so konstruiert (vgl. Abb. 22), dass er auf die Stahlnadel drückte, wenn er geschlossen war. Bei den Instrumenten späteren Datums waren die Kerben über der Nadel so tief eingeschnitten, dass der Deckel nicht auf den Draht drückte (s. Abb. 23). Reis' eigene Anleitungen für dieses Instrument besagen, dass durch festes Andrücken des Deckels auf die Nadel der Ton verstärkt würde, wie es gelegentlich geschehe, wenn

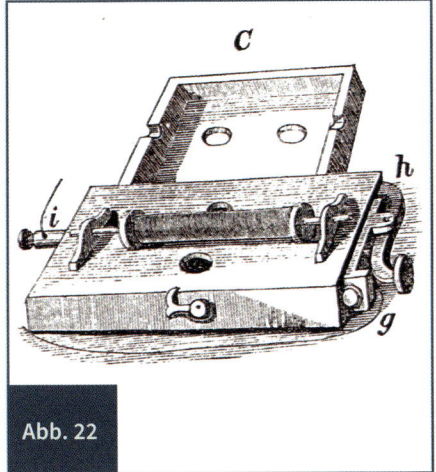
Abb. 22

Abb. 23

Hörer ihr Ohr gegen den Deckel pressten, um deutlicher verstehen zu können. Die kleine Taste an der Seite des Schallkastens diente dazu, den Strom zu unterbrechen, um so verabredete Zeichen zum Geber senden zu können.

DER ANSPRUCH DES ERFINDERS

In unserem Jahrhundert wird die Verbreitung von Wissen so leicht gemacht, und jede neue Entdeckung und Erfindung wird eifrig begrüßt und sofort in jedem Land der Erde laut bekannt gegeben. Da ist es schwer vorstellbar, dass der Erfinder eines Instruments von höchstem wissenschaftlichem Wert, das bestimmt ist, eine bedeutende Rolle im gesellschaftlichen und wirtschaftlichen Leben zu spielen, es ertragen haben soll, in unerkannter Verborgenheit zu leben und zu sterben. Noch schwerer kann man glauben, dass seine Erfindung fast vollständig in Vergessenheit geriet, nicht anerkannt von seiner Generation und den meisten der führenden Wissenschaftler seiner Zeit. Es ist kaum vorstellbar, dass die Bemühungen, ihm Ehre und Ansehen für sein Lebenswerk zurückzugeben, auf völlige Gleichgültigkeit und Verleugnung seiner Verdienste trafen. Man bestritt, dass er die Erfindung als Ziel vor Augen gehabt habe. Philipp Reis, der Erfinder des Telefons, war der Erste, der ein Instrument plante und auch ausführte, um die Töne der menschlichen Sprache und des Gesanges über eine Entfernung durch den elektrischen Strom zu übertragen. Dieser Philipp Reis ist nicht mehr unter den Lebenden. Er kann nicht mehr die Ehren für sich selbst beanspruchen, die anderen zuteilwurden, die, so würdig sie dieser Ehren auch waren – niemand wird das leugnen –, doch nicht die Ersten waren, die sie verdient. In seinem stillen Grab, in der Verborgenheit eines deutschen Dorfes, wo er seine tägliche Arbeit getan hatte, schläft er, ungestört von allem Wortgefecht. Jetzt stört es ihn nicht mehr, ob man sein Genie anerkennt und seiner Erfindung Beifall spendet, ob Unwissenheit, Verleugnung oder Neid beides schlechtmachen. Trotzdem wird die Erinnerung an ihn und sein Werk weiterleben und ihn den Nachkommen künden als einen Erfinder, dessen besondere Größe darin bestand, nur von wenigen Auserwählten beachtet zu werden. Auch werden die nächsten Generationen umso weniger bereit sein, demjenigen die gebührende Ehre zu erweisen, der zu seiner Zeit nicht einmal Gerechigkeit erlangen konnte. Und dabei schuldet die Welt dem armen Schulmeister aus Friedrichsdorf wahrlich mehr als nur historische Gerechtigkeit; Gerechtigkeit für die große Erfindung, die jetzt unvergänglich mit seinem Namen verbunden ist: Gerechtigkeit für die darbende Familie, die, statt reich zu werden, verarmte; und nicht zuletzt Gerechtigkeit für die Geduld, während die Geschichte seines Lebens und seines Werkes einschließlich der Worte, die er selbst darüber schrieb, dargelegt werden.

Die Kernfrage, für die Gerechtigkeit gefordert wird und für die zahlreiche Beweise auf diesen Seiten gegeben werden, ist nicht, ob Philipp Reis ein Telefon erfunden hat – das wird nicht geleugnet –, sondern ob Philipp Reis das Telefon erfunden hat. Die Ironie des Schicksals, um nicht zu sagen, die seltsame Unwissenheit, die oft mit einem weniger höflichen Namen bezeichnet wird, hat durch populärwissenschaftliche Schreiber, hervorragende Ingenieure oder vorzügliche Anwälte festgestellt, dass Reis' Erfindung überhaupt kein Instrument für die Übertragung menschlicher Sprache war – dass es dafür auch gar nicht geplant war –, dass es anfänglich ein reines Musikinstrument war, und dass es das immer blieb. Diese klugen Leute überreden sich selbst zu dieser Ansicht, erfinden ohne Weiteres eine fragwürdige Bezeichnung und betiteln das Instrument einfach als „Ton-Telefon"! Wenn jemand unvoreingenommen es wagt, von Reis' Instrument als historischer Tatsache zu sprechen, als von einem, das die Sprache überträgt, dann lautet die verächtliche Antwort, die er von dem erhabenen Jemand bekommt, der sich im Augenblick als Autorität gebärdet: „Ja, aber wissen Sie, es war nur ein Ton-Telefon, ein musikalisches Spielzeug, und wenn jemand hineinsang, dann bildete man sich ein, man höre die Worte des Liedes, die während des Singens zufälligerweise zusammen mit der Musik hervorgebracht wurden. Ich habe immer die Berichte von der Übertragung der Sprache als einen Scherz angesehen; alles, was das Instrument wahrscheinlich konnte, war, gelegentlich artikulierte Geräusche von sich zu geben in Verbindung mit einem musikalischen Ton. Außerdem, wissen Sie, war Herr Reis ein musikalischer Mann, der nur beabsichtigte, dass das Instrument sänge, und wenn es sprach, sprach es nur zufällig; aber solch ein Zufall geschah niemals und konnte niemals geschehen, weil die Konstruktion zeigt, dass es weder Sprache übertragen konnte noch es wirklich tat. Wenn Herr Reis wirklich das grundlegende Prinzip des deutlich sprechenden Telefons ergründet hätte, so hätte er seine Instrumente andersartig angeordnet. Und dann, wissen Sie, wenn es wirklich Sprache übertragen hätte, so hätte diese Entdeckung starke Aufmerksamkeit zu seiner Zeit erregt. Außerdem, wenn er vorgehabt hätte, dass das

Instrument sprechen sollte, hätte er es das „sprechende Telefon" genannt und nicht als ein Telefon zum Übertragen von Tönen bezeichnet. Niemand vor Graham Bell träumte jemals davon, ein „Trommelfell" zu benutzen, um artikulierte Laute einzufangen, oder, wenn er es getan hätte, wäre er ausgelacht worden."

Die einzige Antwort auf all diese Anzweiflungen – und es gibt deren genug –, die einzige Antwort ist Schweigen und der stumme Appell an Originalschriften von Reis und seinen Zeitgenossen, an das greifbare Zeugnis unerbittlicher wissenschaftlicher Tatsachen. Alle wichtigen Dinge wird man hier an passender Stelle finden. Mit ihrer Hilfe kann man folgende Punkte bestätigen:

1. Reis Telefon war ausdrücklich dazu beabsichtigt, die Sprache zu übertragen.
2. Reis Telefon, in der Hand von Reis und seinen Zeitgenossen, hat wirklich die Sprache übertragen.
3. Reis Telefon wird immer wieder die Sprache übertragen.

Bevor wir uns daranbegeben, diese drei Punkte zu diskutieren, wollen wir einen Augenblick innehalten, um einen versteckten Trugschluss, hervorgerufen durch ein bestimmtes Wort, aus dem Wege zu schaffen, dann, um auf die teilweise historische Anerkennung hinzuweisen, die Reis' Ansprüchen bereits zugestanden worden ist.

Reise nannte sein Instrument nicht „sprechendes Telefon" und auch nicht „Ton-Telefon". Er nannte es einfach „das Telefon", wie man aus seinem ersten Aufsatz ersehen kann. Er sprach von seinem Instrument immer wieder als von einem Instrument, „um Töne zu übertragen". Aber man muss daran denken, dass das deutsche Wort „Ton" (Plural: Töne), das Reis gebrauchte, so viel bedeutet wie das englische Wort „sound", und es schließt sowohl gesprochene als auch musikalische Töne ein, außer, wenn der Zusammenhang ausdrücklich etwas anderes angibt. Wenn Reis von der „Wiedergabe von Tönen" sprach, gebrauchte er Wörter, die ihre Bedeutung nicht auf musikalische Töne einengten, wie es seine Niederschriften in der Tat zeigen. Er ging von einer Betrachtung des mechanischen Baues des menschlichen Ohres aus und bemühte sich, ein Instrument auf dieser Basis zu konstruieren, da das Ohr alle Arten von Tönen aufnehmen kann. Reis war nicht so töricht, sich einzubilden, dass der Bau des menschlichen Ohres einzig für musikalische Töne unter Ausschluss von gesprochenen Lauten entworfen sei. Wir wissen nicht, dass die Bezeichnung „Ton-Telefon" jemals auf Reis' Instrument angewendet wurde, bis es ratsam (!) schien, ein Mittel zu suchen, um eine alte Erfindung herabzusetzen und eine neue zu erhöhen. Und es ist seltsam, dass wirklich reine „Ton-Telefone", d. h. Instrumente, die ausdrücklich dazu bestimmt sind, spezifisch musikalische Töne zum Zweck der Mehrfachtelegrafie zu übertragen, lange nach Reis' Telefon zwischen 1870 und 1876 (von Varley, Gray, La Cour, Graham Bell und Edison) erfunden wurden. Diese Instrumente waren praktisch abhängig vom System der Stimmgabelschwingungen, während Reis' System sich auf das Trommelfell des Ohres gründete. Es wäre absurd, Reis' Erfindung hier einzuordnen.

Nachdem wir den Trugschluss aufgezeigt haben, der in dem Ausdruck „Ton-Telefon" liegt, wollen wir diesen Punkt mit der Bemerkung verlassen, dass es fortan nur Zeitverschwendung ist, mit jemandem zu diskutieren, der diese unbewiesene Bezeichnung für Reis' Erfindung gebraucht.Diejenigen, die zu sprechen am meisten berufen waren, haben Reis' Anspruch auf die Erfindung des Telefons von Zeit zu Zeit teilweise historische Anerkennung gezollt.

Mr. Edison, der Erfinder des berühmten Kohlekörner-Mikrofons, das er später selbst das „Carbon Telefone" nannte, hat in dem Bericht über seine Erfindungen selbst erklärt, dass er mit seinen Forschungen in diese Richtung getrieben wurde, als ihm von dem verstorbenen Hon. Mr. W. Orton die Übersetzung eines Manuskripts von Legats Bericht über Reis' Telefon aus der Zeitschrift des Deutsch-Österreichischen Telegraphen-Vereins überreicht wurde. Daraus erfuhr er zum wenigsten Folgendes: in Reis' Instrumenten waren „einzelne Wörter – beim Lesen, Sprechen und dergleichen – undeutlich vernehmbar, nichtsdestoweniger erreichten auch hier der Stimmklang, die Modulation von Frage, Ausruf, Verwunderung, Befehl usw. deutlichen Ausdruck." Für Mr. Edison also ist nach seinem eigenen Bekenntnis Reis der Ausgangspunkt.

Prof. Graham Bell hat nicht verfehlt, anzuerkennen, was er Reis verdankt, dessen Erscheinen im „Feld der Untersuchungen über Telefone" er ausdrücklich namentlich in seinen „Untersuchungen über elektrische Telefonie" erwähnt. Diesen Vortrag hielt er vor der Amerikanischen Akademie der Wissenschaften und Künste im Mai 1876 und wiederholte ihn fast wörtlich vor der Gesellschaft der Telegraphen-Ingenieure im November 1877. Im letztgenannten Vortrag, der gleichzeitig gedruckt wurde, gab Prof. Bell Hinweise auf die Untersuchungen von Reis, auf den Originaltext in Dinglers „Polytechnischem Journal", insbesondere auf die Seiten von Kuhns Band in Karstens „Allgemeiner Encyclopädie der Physik", auf denen Diagramme und Beschreibungen von zwei Formen von Reis' Telefonen wiedergegeben werden.
Es wird auch der Erfolg erwähnt, mit dem Ausrufe und andere artikulierte Stimmlaute von einem dieser Instrumente übertragen wurden. Und schließlich gibt dieser Vortrag von Prof. Bell Hinweise auf den oben erwähnten Bericht von Legat. Außerdem hat Prof. Bell bei einer Vernehmung vor einem der Gerichtshöfe der Vereinigten Staaten ausdrücklich und offen festgestellt, dass der Empfänger von Reis' Instrument so konstruiert war, dass er Töne jeder Höhenlage aufnehmen konnte, während die Empfänger seines früheren, eigenen Ton-Telefons nur auf eine musikalische Tonlage reagierten. Reis' Gerät ist in Legats Bericht dargestellt, abgedruckt in Prescotts „Speaking Telephone".
Es ist weiter wichtig festzustellen, dass Prof. Bell in seinem britischen Patent durchaus nicht den Anspruch darauf erhebt, der Erfinder, sondern nur der Verbesserer einer Erfindung zu sein: der genaue Titel seines Patents lautet „Verbesserungen in der elektrischen Telefonie (Übertragung oder Erzeugung von Tönen zum Zweck telegrafischer Nachrich-

ten) und an telefonischen Apparaten". Was Prof. Bell betrifft, so ist er also nicht schuld daran, wenn das Reissche Instrument als bloßes „Ton-Telefon" gebrandmarkt wird.

Prof. Dolbear, der Erfinder des „statischen Empfängers" als Form des Telefons, bezeugt Reis' Anspruch noch deutlicher. Im Bericht über seinen Vortrag „Das Telefon", gehalten im März 1882 vor der Gesellschaft der Telegraphen-Ingenieure, finden wir die Sätze: „Der Redner konnte bezeugen, dass das Instrument in der Regel sprach und in der Regel gut sprach. Die von Reis benutzten, völlig gleichen Geräte taten es ebenso, so dass Reis' Sender immer wieder sendeten. Zweitens empfing in der Regel sein Empfänger, und Reis sendete und empfing deutlich artikulierte Sprache mit solchen Instrumenten." Was Prof. Dolbear betrifft, so gibt er also eindeutig den Anspruch von Reis zu, der Erfinder des Telefons zu sein.

Graf du Moncel, Verfasser eines Werkes über das Telefon, das mehrere Auflagen erlebt hat, hat zwar zuerst Reis' Instrument als ein bloßes „Ton-Telefon" angesehen, aber kürzlich doch zugegeben, dass er bis zum Jahre 1882 einige von Reis' Geräten nicht kannte und von seinen Originalarbeiten nichts wusste. Er fügte hinzu: „Nichtsdestoweniger wäre es ungerecht, nicht anzuerkennen, dass das Reis-Telefon den *Ausgangspunkt für alle anderen bildete*."
Auch folgende bedeutsame Zeilen sind von du Moncel: „Es ist wahrscheinlich, dass in diesem Falle, wie bei den meisten modernen Erfindungen, der *wirkliche Erfinder* nur unbedeutende Ergebnisse erzielte, und dass demjenigen, dem es zuerst gelang, seinen Apparat so anzuordnen, dass er wirklich durchschlagende Ergebnisse erreichte, die Ehre der Entdeckung zufällt und er die Sache bekannt machte." Schließlich erkennt Graf du Moncel, wenn auch zögernd, den Anspruch von Philipp Reis, der Erfinder des Telefons zu sein, als historisch berechtigt an.
Wir kehren jetzt zu der Prüfung der drei Punkte zurück, die wir oben aufgestellt haben.

1. REIS' TELEFON WAR AUSDRÜCKLICH DAZU BESTIMMT, SPRACHE ZU ÜBERTRAGEN

Reis' erstes Gerät war nichts anderes als ein Modell des Mechanismus des menschlichen Ohres. Warum wählte er diese wesentliche Grundform, die sich in allen seinen Instrumenten, vom ersten bis zum letzten wiederfindet? Der Grund wird in seiner eigenen ersten Abhandlung angegeben: *„Wie sollte ein einziges Instrument die Gesamtwirkungen aller bei der menschlichen Sprache betätigten Organe zugleich reproduzieren? Dieses war immer die Kardinalfrage."* Reis konstruierte also sein Instrument mit der Absicht, menschliche Sprache wiederzugeben. Zu diesem Zweck borgte er sich vom Ohr die Idee des Trommelfells. Er hatte die genaueste und vollkommenste Vorstellung von der Wirkungsweise des Trommelfells. Er sagt:

„Jeder Ton und jede Tonverbindung" (und das schließt natürlich die gesprochenen Töne ein, Verf.) *„erzeugt in unserem Gehör, wenn sie dasselbe trifft, Schwingungen des Trommelfells, deren Gang durch eine Kurve dargestellt werden kann"*, und weiter: *„Sobald es also möglich sein wird, irgendwo und auf irgendeine Weise Schwingungen zu erzeugen, deren Kurven denjenigen eines bestimmten Tones oder einer Tonverbindung gleich sind, so werden wir denselben Eindruck haben, den der Ton oder die Tonverbindung auf uns gemacht hätte."*

Es ist klar, dass dieses Studium der Akustik ihn dazu führte, das Trommelfell zu benutzen wegen seines besonderen Wertes, auf alle vielteiligen Schwingungen der menschlichen Sprache zu reagieren. Es ist nicht weniger bedeutsam, dass Varley, Gray und Bell ein Jahrzehnt später, als sie sich daranmachten, Ton-Telefone für den Zweck der Mehrfachtelegrafie zu erfinden, die Methode des Trommelfells aufgaben, da es für Ton-Telefone ungeeignet war, und stattdessen schwingende Zungen verwandten, z. B. Stimmgabeln. Reis' Gebrauch des Trommelfells hatte also eine sehr bestimmte Bedeutung; es bedeutete nichts anderes als: ich beabsichtige, dass mein Instrument jeden Ton überträgt, den ein menschliches Ohr hören kann. Dass es ausdrücklich in seiner Absicht lag, Sprache zu übertragen, wird bestätigt durch einen anderen Abschnitt seiner ersten Abhandlung, worin er mit einem Schatten von Enttäuschung bemerkt:

„Die Konsonanten werden größtenteils ziemlich deutlich reproduziert, aber die Vokale noch nicht im gleichen Grade."

Seinen Schülern und Mitarbeitern teilte er seine Gedanken mit. Einer der Schüler, Herr E. Horkheimer, jetzt in Manchester, sagt ausdrücklich, dass es Reis' Absicht war, Sprache zu übertragen, und dass die Übertragung von Musik ein nachträglicher Einfall war, vorteilhaft für öffentliche Vorführungen, ebenso wie bei den öffentlichen Vorführungen von Bells Telefon 15 Jahre später.

Dieser Mangel veranlasste Reis aber auch nicht, seine Absichten vor der Welt zu verbergen. Bescheiden beansprucht er den Erfolg, den er erreicht hatte, und nicht mehr.

1863 fasste er einen Prospekt ab, der den verkauften Instrumenten beigegeben wurde. Es sind noch Exemplare davon vorhanden. In diesem Dokument sagt er: *„Außer der menschlichen Stimme können (nach meinen Erfahrungen) noch ebenso gut die Töne guter Orgelpfeifen von F bis c und die des Klaviers reproduziert werden."* In demselben Prospekt finden sich die Belehrungen für den Gebrauch des Signalrufes, durch den der Hörer seine Wünsche dem Sprecher mitteilt. Diese Vorschriften lauten: „ein Schlag = Singen, zwei Schläge = Sprechen". Kann ein gesunder Mensch Reis' Absicht bezweifeln, dass sein Instrument Sprache übertragen sollte, wenn solche Anweisungen in seinem eigenen Prospekt stehen? Legats Bericht (1862) spricht von Reis' Instrument als für Sprache geplant und beschreibt weiter den Gebrauch einer elliptischen Höhlung, an die der Hörer sein Ohr legen kann. Kuhn (1866) sagt, dass der würfelförmige Sender (Abb.17, 18) Sprache nicht gut sendete und klagt, dass er nur ein unartikuliertes Geräusch bekam.

Zweifellos sprach er zu laut. Pisko (1865) spricht von Reis' Instrument als für Sprache beabsichtigt. In dem Brief, den Reis 1863 an Mr. W. Ladd in London schrieb, hebt er ausdrücklich hervor, indem er das Wort unterstrich, dass sein Telefon jeden Ton, der laut genug ist, übertragen könne, und er verweist auf den Sprecher und den Hörer an den beiden Enden der Leitung als „die miteinander Verbundenen".

Die einzige Antwort, die hierauf möglich ist an jeden, der behauptet, dass Reis' Telefon nicht ausdrücklich zur Übertragung der Sprache geplant war, ist die gute ehrliche Antwort: *impudentissime mentiris* (du lügst höchst unverschämt).

2. REIS' TELEFON HAT IN DEN HÄNDEN VON REIS UND SEINEN ZEITGENOSSEN WIRKLICH SPRACHE ÜBERTRAGEN

Reis spricht bescheiden und sorgfältig von der Vorführung seiner Instrumente, er verkleinert seine Fehlschläge nicht und übertreibt seine Erfolge nicht. Ich werde nicht versuchen, klüger als er zu sein, auch nicht, sein Gerät als vollkommener oder zuverlässiger hinzustellen, als es nach seinem eigenen Wissen war. Das „Trommelfell" seines Senders war stets in Gefahr, durch die Feuchtigkeit des Atems schlaff zu werden, und das machte das Instrument in seiner Tätigkeit unsicher – genau wie Graham Bell es fünfzehn Jahre später mit seiner Membrane am magnetischen Sender erlebte. – In einigen früheren Formen von Reis' Sender, vor allem solchen mit senkrechtem „Trommelfell", war die Anbringung der punktförmigen Kontakte, die den Strom regeln sollten, eine Sache des Fingerspitzengefühls, das Erfahrung und Übung erforderte, so dass weniger sorgfältige Experimentatoren nicht die Ergebnisse erreichten wie Reis selbst. Sie bekamen nur ein geräuschvolles Brummen, während er verständliche Sprache erreichte. Die große Empfindlichkeit der wesentlichen Teile, der Leitungsdrähte aus Metall, die sich leicht berühren konnten, wirkten schließlich einem gleichmäßigen Erfolg entgegen, wenn mit verschiedenen Stimmen gesprochen wurde, von denen einige zu leise waren, um überhaupt eine Wirkung zu haben, andere so laut, dass sie die zarten Kontaktteile derart rüttelten, dass das erwünschte Resultat nicht erreicht wurde.

Trotz all dieser Nachteile, die nichts mit dem Grundprinzip des Instruments zu tun hatten, ist es offensichtlich, *dass Reis' Telefon wirklich Sprache übertragen hat.* Über diese Tatsache berichtet Reis selbst:

1. In seiner Abhandlung „Über die Telefonie durch den galvanischen Strom": *Die Konsonanten werden größtenteils ziemlich deutlich reproduziert, aber die Vokale noch nicht in gleichem Grade.*
2. In seinem Prospekt: Außer der menschlichen Stimme können (nach meinen Erfahrungen) noch ebenso gut die Töne guter Orgelpfeifen von F bis c und die des Klaviers reproduziert werden.

3. Die Tatsache wird von Inspektor Wilhelm von Legat in seinem Bericht in der „Zeitschrift" von 1862 bezeugt. Nachdem er auf die Undeutlichkeit der Vokale hingewiesen hat, sagt er: … *während einzelne Worte beim Vorlesen, Sprechen u. dgl. undeutlicher wahrnehmbar waren, trotzdem auch hier die Bedeutungen der Stimme, der fragende, ausrufende, aufrufende Tonfall deutlich zum Ausdruck kommt.*

4. Prof. Quincke aus Heidelberg bestätigt, dass er Wörter, die durch ein reissches Telefon 1864 gesprochen wurden, hörte und verstand.

5. Prof. Boettger, Herausgeber des „Polytechnischen Notizblattes" sagt 1863: Selbst Worte konnten sich die Experimentatoren mitteilen, freilich allerdings nur solche, die schon oft von denselben gehört worden waren.

6. Dr. Rudolph Messel, ein alter Schüler von Reis und Augenzeuge seiner ersten Experimente, schrieb: Es gibt wirklich keinen Zweifel darüber, dass Reis unvollkommene Artikulation erreicht hat. *Ich persönlich erinnere mich sehr genau daran,* und könnte Ihnen eine Menge Leute nennen, die dasselbe bezeugen.

7. Herr Peter, ein früherer Kollege von Philipp Reis, erzählt, wie er die Kräfte des Instruments bezweifelte, bis er sie selbst bestätigt fand, als er Wörter hineinsprach, die nicht gut vorher hätten zurechtgelegt werden können.

8. Herr E. Horkheimer, der Reis bei seinen ersten Arbeiten half, verließ zwar Deutschland, als die Entwicklung des Instruments noch ziemlich unvollständig war, aber er hat sogar eine Liste von Wörtern und Ausdrücken aufgeschrieben, deren Übertragung er mit den ersten Formen des Gerätes gehört hat.

9. Herr Philipp Schmidt, der Schwager von Philipp Reis, jetzt Zahlmeister in der Kaiserlich-Deutschen Marine in Wilhelmshaven, sagt: Er brachte es schließlich sogar fertig, Wörter und ganze Sätze auf die Entfernung wiederzugeben. Mein Schwager und ich hatten uns niemals vorher über Wörter oder Sätze verständigt, im Gegenteil, sie waren immer ganz spontan.

10. Mr. S. M. Yeates aus Dublin, der 1865 ein verändertes Reis-Telefon konstruierte, hat die Wirkungsweise des Instruments beschrieben: Bevor ich über den Apparat anderweitig verfügte, führte ich ihn der Dubliner Philosophischen Gesellschaft beim Novembertreffen 1865 vor. Man hörte durch ihn sowohl singen als *auch die deutliche Aussprache mehrerer Wörter, und der Unterschied zwischen den verschiedenen Stimmen der Sprecher war klar zu erkennen.*

Es ist schwer vorstellbar, wie der Beweis für diesen Punkt noch stärker sein könnte. Aus so vielen verschiedenen Quellen stimmt alles gleichermaßen überein. Reis' Telefon hat, wenn das Instrument gut gebaut war, in den Händen von Reis und seinen Zeitgenossen wirklich artikulierte Sprache übertragen.

3. REIS TELEFON WIRD IMMER WIEDER SPRACHE ÜBERTRAGEN

Reis' Telefon besteht aus zwei Teilen: einem Sender, in den der Sprecher hineinspricht, und einem Empfänger, an dem der Hörer hört. Die verschiedenen Formen sind im Einzelnen im vorigen Kapitel beschrieben worden. Alles, was uns davon hier interessiert, ist, ob diese Geräte im Augenblick das leisten, was behauptet wird. Der Autor hat jede Form der reisschen Sender ausprobiert, außer einigen der ersten, nur vorfühlenden Versuchen, die in den obigen Abbildungen 2 bis 8, 13, 15 und 16 gezeigt wurden. Sie haben sich als völlig ausreichend erwiesen, um Sprache zu übertragen, vorausgesetzt, dass die richtigen Vorkehrungen getroffen wurden: nämlich, dass die Kontakte sauber und richtig eingestellt waren, dass das „Trommelfell" straff gespannt war und dass der Sprecher nicht zu laut sprach: mit anderen Worten, dass die Geräte vorschriftsmäßig bedient und benutzt wurden. Jeder, *der keinen Erfolg haben möchte* bei der Übertragung von Sprache mit Reis' Sender, braucht nur diese vernünftigen Vorsichtsmaßregeln nicht zu beachten. Dann ist es nicht schwierig, den Versuch misslingen zu lassen.

Der Autor hat auch die beiden bekannteren Formen von Reis' Empfängern (Abbildungen 21, 22 und 23) geprüft und findet, dass beide vollkommen ausreichen, um auf elektrischem Wege Sprache zu empfangen und hörbar wiederzugeben; Vokale und Konsonanten sind vollendet deutlich und artikuliert, wenn auch nie so laut wie bei modernen Formen des Telefon-Empfängers. Mit einem Stahldraht, der, wie Reis es vorschreibt, durch eine ihn umgebende, stromdurchflossene Drahtspule magnetisiert wird, hat der Verfasser eine Artikulation erreicht, die an Vollkommenheit und Klarheit sowohl bei den Vokalen als auch bei den Konsonanten die jedes anderen von ihm je abgehörten Telefon-Empfängers übertrifft. Vielleicht kann man einwenden, dass es schwierig sei, an einem Stahldraht zu horchen. Reis begegnete dieser Schwierigkeit, indem er seinen Stahldraht auf einen kleinen Resonanzboden montierte, um die Töne zu verstärken, und fügte einen flachen Kasten hinzu, an den der Hörer sein Ohr drücken kann. Dieser Kasten kann entfernt oder wie ein Deckel geöffnet werden, wenn eine ganze Zuhörerschaft gleichzeitig die Töne des Instruments hören soll oder wenn er als Überträger einer laut gesungenen Melodie unangenehm dröhnt. Für den zuletzt genannten Zweck ist der Deckel nicht notwendig – er ist ein Hindernis. Er beweist aber trotzdem durch sein Dasein die feineren Möglichkeiten des Geräts. Reis' Anweisungen in seinem Prospekt sagen, dass durch festes Hinunterdrücken des Deckels auf den Stahlkern die Lautstärke der Töne erhöht wird. *Jeder, der keinen Erfolg haben möchte,* wenn er mit Reis' Empfänger jemanden sprechen hört, braucht nur, wie vorher beim Sender, vernünftige Vorsicht außer Acht zu lassen. Er braucht nur einen unvollkommenen oder schlechten Sender, oder er braucht ihn nicht sorgfältig genug zu betätigen oder den Empfänger in nicht angemessener Entfernung von seinem Ohr aufzubauen – dann erreicht er ein schlechtes Resultat. Es gibt Leute, denen es nicht gelungen ist, Reis' Empfänger wirklich empfangen zu lassen.

Dies ist nicht der Ort, die doktrinäre Einwendung, die manchmal erhoben wird, zu erörtern, nämlich, dass theoretisch Reis' Gerät unmöglich funktionieren konnte. Im Augenblick sind wir an der praktischen Frage interessiert: funktioniert es? Niemand, der praktische Erfahrung mit Telefonen hat, wird bestreiten, dass man die Sprache übertragen kann, selbst wenn er leugnen sollte, dass Reis diese Absicht hatte. Prof. Dolbear, selbst kein unbedeutender Mann auf dem Gebiet der Telefonie, bezeugt, wie oben erwähnt, *„dass die Instrumente in der Regel sprachen und in der Regel gut sprachen"*. Derjenige wäre wirklich dreist, der vortreten würde und leugnen, was sich jeden Tag als Tatsache experimentell erweisen lässt: dass *Reis' Telefon die Sprache übermittelt.* Wir haben hier gezeigt, dass Philipp Reis der unbestrittene Erfinder eines Gerätes ist, das er „Telefon" nannte, das jetzt gebraucht werden kann, um Sprache zu übertragen und das erfunden wurde zu dem Zweck, Sprache zu übertragen. So ist das Ergebnis der Prüfung der Tatsachen des Falles zwingend genug. Man könnte sich keinen vollkommeneren Fall wünschen. Kein ehrenhafter Mensch kann aus Mangel an Beweisen, die so zahlreich und direkt sind, mit seiner Anerkennung zögern.

Trotzdem beabsichtige ich, in einem anderen Abschnitt ein wenig weiter zu gehen und einen technischen Sachverhalt von höchstem Interesse zu erörtern: nämlich, dass in den Fernsprechämtern des heutigen England nicht ein einziges Telefon zu finden ist, in dem die grundlegenden Prinzipien von Reis' Telefon nicht die wesentlichen und unentbehrlichen Merkmale sind. Diese Überlegungen sind aber ausgesprochen technischer Natur und werden am besten in einem Anhang behandelt.

Da wir jedoch zeigen können, dass diese Geräte, die jetzt zum Übertragen der Sprache im täglichen Gebrauch sind, die beiden fundamentalen Grundgedanken enthalten, auf die Reis sein Telefon gegründet hat, so wäre es unehrenhaft gegenüber dem Gedächtnis des verstorbenen Erfinders, etwas Geringeres für ihn in Anspruch zu nehmen als dass er der „erste und wahre Erfinder" des Telefons ist.

Teilabdruck aus: Archiv für Deutsche Postgeschichte Heft 1/1963 in der Übersetzung von Guntram Fricke

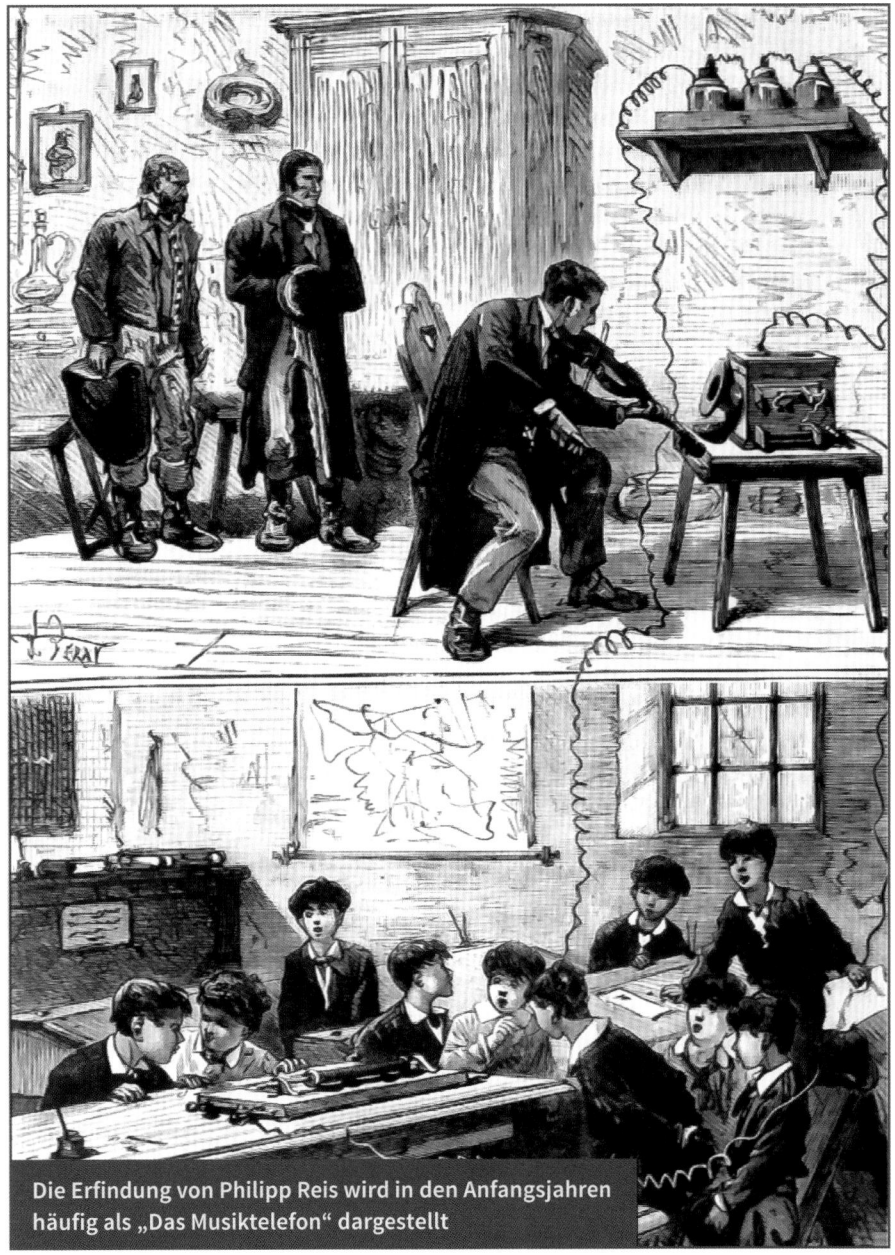

Die Erfindung von Philipp Reis wird in den Anfangsjahren häufig als „Das Musiktelefon" dargestellt

160 JAHRE TELEFON

1861

Philipp Reis

Philipp Reis stellt den ersten Fernsprecher der Welt beim Physikalischen Verein in Frankfurt vor. Er nennt seine Erfindung „Telefon". Der erste bezeugte Satz, der durch ein Telefon gesprochen wird, lautet: **„Das Pferd frisst keinen Gurkensalat."**

1863

In Frankfurt lässt Reis sein **„Telefon"** vom Maschinenbauer Johann Valentin Albert in kleinen Stückzahlen nachbauen und in alle Welt verkaufen.

1877

Graham Bell gründet die Bell Telephone Company.

1883

Telefonleitungen werden erstmals zwischen größeren Städten verlegt. Die Telefonleitung zwischen Bremen und Bremerhaven wird bei ihrer Inbetriebnahme am 15. Oktober 1883 die längste Telefonleitung Deutschlands. 1884 folgen die Telefonleitungen von Köln nach Düsseldorf und Bonn.

1889

In den USA wird der Hebdrehwähler erfunden und damit die technische Grundlage für die automatische Gesprächsvermittlung.

1891

In den USA übersteigt die Zahl der Telefonanschlüsse die Marke von 500.000.

1874

(14. Januar)
Philipp Reis stirbt im Alter von nur
40 Jahren.

1864

Philipp Reis präsentiert sein ver-
bessertes Telefonmodell auf dem
Naturwissenschaftlerkongress in
Gießen.

1876

(14. Januar) Exakt zwei Jahre nach
dem Tod von Philipp Reis meldet
Graham Bell in den USA sein Telefon
zum Patent an. Am 10. März kommt
es zur Übertragung des Satzes:
**„Mr. Watson, come here! I want to see
you!"**

**Alexander
Graham Bell**

1877

In Deutschland startet die Firma Siemens
& Halske die erste Telefonserienproduktion
der Welt. In Berlin werden erste Leitungen
verlegt und Telefone an Privathaushalte
verkauft.

1904

Erste Telefonzelle.

1926

Die Reichsbahn führt
auf der Strecke
Hamburg – Berlin in
allen D-Zügen die
„Zugtelefonie per Funk"
ein.

1927

Erstes Telefongespräch über den
Atlantik wird möglich. Die Leitung
basiert auf Langwellenfunk. 1956
wird das erste Transatlantik-Tele-
fonkabel verlegt.

160 JAHRE TELEFON

1958

Mit dem A-Netz nimmt das erste großflächige Mobilfunknetz in Deutschland seinen Betrieb auf. Genutzt wird es überwiegend über Autotelefone. Die Geräte wiegen circa 16 Kilo und sind so groß, dass sie fast den kompletten Kofferraum eines Pkw ausfüllen.

1969

Mit dem militärisch und wissenschaftlich genutzten Netzwerk ARPANET entsteht der Vorläufer des Internets.

1971

Ray Tomlinson verschickt die erste E-Mail der Welt. Das @ wird dabei erstmals verwendet. Tomlinson gibt sich die erste E-Mail-Adresse der Welt: tomlinson@bbntenexa.

1977

Die Deutsche Bundespost zeigt auf der Internationalen Funkausstellung (IFA) erstmals BTX (Bildschirmtext) – ein Dienst, der Fernseher mit Computern verbindet.

2007

Das erste iPhone wird im Januar von Steve Jobs vorgestellt und kommt im November auf den Markt.

Steve Jobs
1955 - 2011

1996

Mit dem Nokia Communicator kommt das erste serienreife Smartphone auf den Mark.

2015

Erstmals gibt es auf der Welt mehr Mobilfunkanschlüsse als Menschen: 7,4 Milliarden.

1989

Das Festnetz wird digital: offizieller Start des Integrated Services Digital Network (ISDN) in Deutschland.

1990

Das ARPANET wird abgeschaltet, die kommerzielle Nutzung des Internets beginnt. Auch Privathaushalte können sich ab jetzt via Modem einwählen.

1984

Bundespostminister Christian Schwarz-Schilling präsentiert das erste schnurlose Telefon fürs Festnetz.

1991

Wissenschaftler der Europäischen Organisation für Kernforschung (CERN) entwickeln die sogenannte Hypertext Markup Language, kurz HTML, und machen das Internet damit massentauglich.

1992

Am 3. Dezember 1992 wurde die erste Kurzmitteilung des Short Message Service (SMS), mit dem Text „Merry Christmas", von einem PC an ein Mobiltelefon (Orbitel TPU 901) im britischen Vodafone-Netz gesendet.

1992

Das Global System for Mobile Communications (GSM) wird eingeführt. GSM ist die technische Grundlage für digitale Mobilfunknetze. Das bringt den Durchbruch für den Mobilfunk.

2020

Es gibt mit mehr als 8 Milliarden Geräten mehr Handy-Telefone als Menschen auf der Welt.

2019

Mehr als vier Milliarden Menschen nutzen das Internet. Das ist mehr als die Hälfte der Weltbevölkerung.

CHRONIK

1834

Am 7. Januar wird Philipp Reis in Gelnhausen, Langgasse 45, geboren. Seine Familie ist bereits seit 1670 in Gelnhausen nachgewiesen. Vier seiner Vorfahren direkter Linie besaßen Bürgerrechte als Bäckermeister und dienten der Stadt als Bürgermeister. Seine Eltern sind Karl Sigismund Reis (1807–1843) und Maria Katharina, geborene Glöckner (1813–1835).

1835

Nach dem frühen Tod seiner Mutter, wächst er in der sorgsamen Obhut seiner Großmutter Susanne Maria Reis, geb. Fischer (1769–1847) auf.

1840

Mit seinem kränkelnden Vater zieht er 1840 zur Großmutter in die Brentanostraße und tritt als Schüler in die Bürgerschule Gelnhausen ein.

1843

Am 08. August stirbt sein Vater und sein Patenonkel Philipp Bremer (1808–1863), der mit der jüngeren Schwester seiner Mutter, Luise Wilhelmine Glöckner (1814–1892), verheiratet war, wird sein Vormund.

1844

Seine Großmutter verkauft am 10. Mai sein Geburtshaus, Langgasse 45. Philipp Reis wird Schüler im garnierschen Institut in Friedrichsdorf/Ts. Seine Lieblingsfächer sind Mathematik, Physik und Chemie.

Am 18. Mai 1847 stirbt seine fürsorgliche und tatkräftige Großmutter.

1848

Philipp Reis besucht das hasselsche Institut in Frankfurt am Main und bildet sich fort in Französisch, Englisch, Italienisch, Latein und in den Naturwissenschaften.

1850

Auf Wunsch seines Vormundes absolviert er eine kaufmännische Lehre bei Johann Friedrich Beyerbach, Farbengeschäft in Frankfurt am Main. Noch während seiner Lehrzeit studiert er nebenher Chemie und Mechanik bei Prof. Boettger und lässt sich als Mitglied des Physikalischen Vereins in Frankfurt am Main aufnehmen.

1852

Der 18-jährige Philipp Reis denkt daran, „die Tonsprache selbst direkt in die Ferne mitzuteilen".

1854

Philipp Reis studiert an der Polytechnischen Vorschule von Dr. Poppe in Frankfurt am Main. Während der Sommerferien besucht er mit seinem Lehrer Dr. Poppe die Schweiz. Dr. Poppe bezeugt, dass Philipp Reis auf dieser Reise davon spricht, selbst ein Telefon bauen zu wollen.

1855

Philipp Reis dient ein Jahr bei seinem Landesfürsten in Kassel als Hessischer Jäger.

CHRONIK

1858

Am 14. September vermählt er sich mit der Tochter seines Vormundes Margarethe Schmidt in Gelnhausen in der Marienkirche. Er übersiedelt nach Friedrichsdorf. Im Herbst beginnt er am Institut Garnier seine Lehrtätigkeit; zunächst unterrichtet er die Fächer Französisch, Mathematik und Zeichnen, später Chemie und Physik.

1859

In einem Schuppen hinter seinem Wohnhaus und im physikalischen Kabinett der Schule, beschäftigt sich Reis mit Reibungselektrizität und Galvanoplastik, baut eine Dampfmaschine und experimentiert mit Hohlspiegeln.

1860

Philipp Reis gelingt es nach vielen Versuchen, „Töne aller Art durch den Strom in beliebiger Entfernung zu reproduzieren".

1861

Am 14. Februar wird die Tochter Elise in Friedrichsdorf/Ts. geboren.

Vor den Mitgliedern des Physikalischen Vereins in Frankfurt am Main spricht Philipp Reis am 26. Oktober „Über Fortpflanzung musikalischer Töne auf beliebige Entfernung durch Vermittlung galvanischen Stroms". Er führt sein Telefon vor und alle hören mit Staunen und freudiger Überraschung die Melodie eines in dem entfernt gelegenen Bürgerhospital gesungenen Liedes.

1862

Am 11. Mai hält er einen Vortrag mit Vorführung des Telefons im Freien Deutschen Hochstift in Frankfurt am Main.

1863

Am 22. Januar wird der Sohn Carl in Friedrichsdorf/Ts. geboren.

Am 4. Juli führt Philipp Reis sein verbessertes Telefon dem Physikalischen Verein in Frankfurt am Main vor.

Am 6. September zeigt der Vorsitzende des Freien Deutschen Hochstifts, Dr. Volger, im Goethehaus in Frankfurt am Main das Reis-Telefon Kaiser Franz Joseph von Österreich und König Maximilian von Bayern, die anlässlich des Fürstentages in Frankfurt am Main weilen.

1865

Prof. Hughes, der Erfinder des Schreibtelegrafen, führt das Telefon von Philipp Reis in Zarskoje-Selo Kaiser Alexander von Russland vor.

1874

Am 14. Januar, nachmittags um halb fünf Uhr stirbt Philipp Reis in Friedrichsdorf. Professor Silvanus P. Thompson telegrafiert aus Anlass des Todes:
„Die Ehren, welche die Welt Philipp Reis während seines Lebens vorenthielt, werden ihm jetzt, da er nicht mehr unter uns weilt, nicht länger vorenthalten. Denn seine große Seele lebt noch unter uns und bewegt die Welt."

Karl Ammon, Philipp Reis und die Vollender des
Fernsprechers, Berlin 1925

Angelika Baeumerth,
300 Jahre Friedrichsdorf 1687–1987,
Friedrichsdorf 1987

W. F. Barrett, Early Electric Telephony, in:
Nature 17, 1878

Christopher Beauchamp,
Who Invented the Telephone?,
Princeton University Press, Princeton 2010

Rolf Bernzen, Philipp Reis. Formen, Phasen und
Motivationen der Auseinandersetzungen mit
dem Telephon.
Versuch einer Bestandsaufnahme.
Berliner Beiträge zur Geschichte der
Naturwissenschaften und der Technik 16,
ERS-Verlag, Berlin 1992

Rolf Bernzen, Das Telephon von Philipp Reis.
Eine Apparategeschichte, Marburg 1999

Oskar Blumtritt, Reis, Philipp,
in: Neue Deutsche Biographie (NDB) 21,
Duncker & Humblot,
Berlin 2003

John Brooks, Telephone:
The First Hundred Years, New York 1976

Calendar of Scientific Pioneers, Nature 106,
13. Januar 1921, S. 650f.

Calendar of Scientific Pioneers, Nature 120,
3. September 1927, S. 350f.

Deutsche Gesellschaft für Post- und Telekom-
munikationsgeschichte 1/1963, Philipp Reis,
Miltenberg/Frankfurt 1963

Bernd Fleßner, Geniale Denker und clevere
Tüftler, Beltz & Gelberg,
Weinheim 2007

Amédée Guillemin,
La Télégraphie et le téléphone, Paris 1886

Heike Haupt, Deutsche Erfindungen:
Von Bier bis MP3 – geniale Ideen made in
Germany, München 2018

Gerda Jost, 150. Geburtstag, 1834–1874
Philipp Reis, geistiger Vater und Wegbereiter
des Telephons, Barbarossastadt Gelnhausen
1984

Ernst Keil, Der Musiktelegraph, in:
Die Gartenlaube 51, S. 807–809, Leipzig 1863

Kirchenbücher Gelnhausen und Friedrichsdorf

Johanna Koppenhöfer, Stadt Friedrichsdorf
(Hrsg.), Als Philipp Reis das Telefon erfand,
Horb am Neckar 1998

Library of Congress, Alexander Graham Bell
Family Papers 1862–1939,
https://www.loc.gov/collections/alexander-
graham-bell-papers/about-this-collection/
#overview

Heinrich Maas, Philipp Reis zum Gedächtnis,
in: Alt Homburg 1964

Catherine Mackenzie, Alexander Graham Bell,
Innsbruck/Wien 1951

Museum für Kommunikation, Stiftung Post und
Telekommunikation, Frankfurt

Nature 51, 4. April 1895, S. 537f., London

Nature 140, 31. Juli 1937, London

Physikalische Gesellschaft,
Die Fortschritte der Physik im Jahre 1863,
XIX. Jahrgang, Berlin 1865, S. 96

Physikalischer Verein (Hrsg.), Gedenkfeier für
Philipp Reis, den Erfinder des Telefons,
26. Oktober 1961, Frankfurt am Main 1972
Und: Jahresbericht des Physikalischen
Vereins zu Frankfurt am Main, Frankfurt am
Main 1896, S. 86
Und: Gemeinsamer Verbundkatalog: Jahres-
bericht des Physikalischen Vereins Frankfurt
am Main

Adolph Poppe, Philipp Reis und das Telephon,
in: Die Gartenlaube 14, S. 235–239

Werner Rammert, Technik aus soziologischer
Perspektive, Westdeutscher Verlag,
Opladen 1993

Carl Reis, Johann Philipp Reis. Eine Biographie
    (unvollendet), Stadtarchiv Friedrichsdorf/Bad
    Homburg
Philipp Reis, Curriculum Vitae; Über Telefonie
    durch den galvanischen Strom, in: Jahresbe-
    richt des Physikalischen Vereins zu Frankfurt
    1860/61
Otto Renkhoff, Nassauische Biographie.
    Kurzbiographien aus 13 Jahrhunderten.
    Historische Kommission für Nassau,
    Wiesbaden 1992
Ferdinand Rosenberger, Die Geschichte der Physik,
    Georg Olms, Frankfurt am Main 1882
Sonnez III. Schülerzeitung des Instituts Garnier,
    Friedrichsdorf 1899
    Stadtarchiv Gelnhausen, Dokumente Reis
Wilhelm Stricker, Reis Philipp, in:
    Allgemeine Deutsche Biographie (ADB) 28,
    Duncker & Humblot, Leipzig 1889, S. 113 f.
Silvanus Thompson, Philipp Reis: Inventor of the
    Telephone, E. & F. N. Spon, London 1883
Ferdinand Trendelenburg, Einführung in die
    Akustik, Springer, Heidelberg 1950
Rudolf Vierhaus (Hrsg.),
    Deutsche biographische Enzyklopädie,
    2. überarbeitete Auflage, K. G. Saur,
    München und Leipzig 2007
Barbara Wolbring, Bürgerliches Leben in der Klein-
    stadt. Das Gelnhäuser Bürgertum im
    19. Jahrhundert, in: Zeitschrift des Vereins für
    hessische Geschichte und Landeskunde 119
    (2014), S. 177–194

Mein großer Dank geht an die hessischen
Stadtarchive in Gelnhausen und Friedrichsdorf.

BILDNACHWEIS

Bilder aus den Büchern:
Johanna Koppenhöfer, Stadt Friedrichsdorf
(Hrsg.), Als Philipp Reis das Telefon erfand, Horb
am Neckar 1998
6, 27 f., 32 f., 43, 59, 60 f., 76 f., 96 f., 101 f., 104, 142

Silvanus Thompson, Philipp Reis: Inventor of the
Telephone, E. & F. N. Spon, London 1883
107–119

Karl Ammon, Philipp Reis und die Vollender des
Fernsprechers, Berlin 1925
81

Gerda Jost, 150. Geburtstag, 1834–1874
Philipp Reis, geistiger Vater und Wegbereiter des
Telephons, Barbarossastadt Gelnhausen 1984
31, 34, 37, 45, 89, 129

Bilder aus Museen, Archiven und Sammlungen:
Philipp-Reis-Haus – Städtisches Museum;
Stadtarchiv Gelnhausen;
Stadtarchiv Friedrichsdorf
14, 15, 22, 25 f., 29, 39 ff., 49, 54 f., 58, 65, 75, 90,
95, 98, 135

Postkarten:
36, 76

Sonstige Quellen:
8 Tobias Arhelger / Shutterstock
10 Gelnhausen Kaiserpfalz © G Freihalter / Wikipedia
12 Geburtshaus Philipp Reis © Xavax / Wikipedia
13 Bilder aus dem Handwerkerleben.
Berlin, Winckelmann, 1880, Wikipedia
17 Statue Philipp Reis © Pierre Aden / Shutterstock
18 Sitzung der Nationalversammlung im Juni
1848. Künstler: Ludwig von Elliott
18 Paulskirche Frankfurt.
Künstler: Jean Nicolas Ventadour (1822–1880)
19 Frankfurt am Main, Barrikade 1848.
Künstler: Jean Nicolas Ventadour
20 Frankfurt am Main, Alte Brücke 1850.
Künstler: Carl Morgenstern
30 Die Armensuppe. Künstler: Albert Anker
30 Komet Donati 1858 über Venedig © E. Weiß:
Bilderatlas der Sternenwelt
36 Friedrichsdorf, Institut Garnier
© Karsten Ratzke / Wikimedia
42 Einmarsch preußischer Truppen in Frankfurt
1866. Künstler: Johann Heinrich Hasselhorst

47 Philipp Reis im Labor © Museum für Telekommunikation Frankfurt am Main
50 Frankfurt am Main, Plan von 1845.
Meyer's Handatlas Nr. 62
53 Physikalischer Verein Bleichstraße.
Lichtdruck Fay, Frankfurt am Main
56 Frankfurt Römerberg 1822.
Kupferstich von Friedrich Wilhelm Delkeskamp
62 Frankfurt, Goethes Geburtshaus vor 1755,
späteres Hochstift © Archiv Harald Metz
67 Franz Joseph I. von Österreich.
Künstler: Franz Russ d. Ä.
69 Naturforscherversammlung in Gießen.
Künstler: Carl Hohnbaum
73 Kurhaus mit Wilhelmsquelle.
Kolorierte Grafik von 1849
73 Frankfurt Taunusbahnhof 1850.
Künstler: Th. Beck
74 Grab von Philipp Reis © Karsten Ratzke /
Wikipedia
79 Alexander Graham Bell © Pariser Museum und
Historische Gesellschaft
83 Anruf nach Chicago © Sammlung von Foto-
grafien der Alexander Graham Bell Familie
84 Alexander Graham Bell
© Smithsonian Institution Archives
92 Der Wäldchestag.
Künstler: Johann Heinrich Hasselhorst
131 Alexander Graham Bell
© Alexander and Mabel Bell Legacy Foundation;
Siemens-Halske-Logo © Siemens;
Telefonzelle. Künstler: Quante © Museum für
Kommunikation Frankfurt am Main
132 Bildschirmtext Logo © Museum für Kommunikation Frankfurt am Main;
Steve Jobs © Olga Popova / Shutterstock;
Erste serienreife Smartphone © Andrey Blumen-
feld / Shutterstock
133 ISDN © Kheng Guan Toh / Shutterstock;
HTML © Jane Kelly / Shutterstock;
Mädchen mit Handy © karelnoppe / Shutterstock
134 Briefmarken
© rook76 / Shutterstock;
© Boris15 / Shutterstock, Wikipedia

Philipp-Reis-Denkmal in Frankfurt am Main

Philipp Reis, jetzt unvergessen